红旗出版社
RED FLAG PRESS
推动进步的力量

图书在版编目（CIP）数据

和美家庭 /《和美家庭》编委会编.
—北京：红旗出版社，2015.12
ISBN 978-7-5051-3606-9

Ⅰ.①和… Ⅱ.①和… Ⅲ.①家庭道德－中国
－通俗读物 Ⅳ.①B823.1-49

中国版本图书馆CIP数据核字（2015）第279991号

书　　　名　和美家庭
编　　　者　《和美家庭》编委会
出　品　人　高海浩　　　　　　　　　责任编辑　赵智熙
总　监　制　徐永新　　　　　　　　　特约编辑　刘德荣
装帧设计　温清河　　　　　　　　　出版发行　红旗出版社
地　　　址　北京市沙滩北街2号　　　邮　　编　100727
编　辑　部　010-64071348
E－mail　hongqi1608@126.com
发　行　部　010-88622114
印　　　刷　三河市恒彩印务有限公司
开　　　本　710毫米×1000毫米　　　1/16
字　　　数　220千字　　　　　　　　印　　张　15.5
版　　　次　2015年12月北京第1版　　2015年12月河北第1次印刷
ISBN 978-7-5051-3606-9　　　　　　定　　价　36.00元

欢迎品牌畅销图书项目合作　　联系电话：010-84026619
凡购本书，如有缺页、倒页、脱页，本社发行部负责调换。

和美家庭

《和美家庭》编委会◎编

红旗出版社

本书编委会

前 言

家庭是社会的细胞，是人们情感的归宿和心灵的港湾。孟子曾说：天下之本为国，国之本为家，家之本为身。家国两相依，有国才有家，有家才有国。历史实践也充分证明，没有家庭的和谐就没有社会的和谐，没有家庭的幸福就没有人民的幸福，没有家庭文明的进步就没有社会文明的进步。

在2015年春节团拜会上，习近平总书记在讲话中说："不论时代发生多大变化，不论生活格局发生多大变化，我们都要重视家庭建设，注重家庭、注重家教、注重家风，要使千千万万个家庭成为国家发展、民族进步、社会和谐的重要基点。"

如果说人生好比大海上的航船，那么家就是遮风避雨的港湾。船泊港湾，希望的自然是：温馨与安宁，和谐与美好。每一个人都希望能拥有一个和美家庭，但这需要所有的家庭成员共同努力营造，尤其需要家庭中女主人的智慧经营和辛勤付出。为了给广大女性朋友建设和美家庭提供点滴帮助，"书香三八"读书活动组委会邀请有关家庭建设、家庭教育、女性文化研究等方面的专家和学者共同撰写了《和美家庭》一书。

家庭是由婚姻、血缘或收养关系联结起来的社会基本生活单位。当今社会，除了由一对夫妻和他们的未婚子女构成的核心家庭外，还有收养家庭、离异家庭、单亲家庭以及祖孙同堂的大家庭等等，形式多种多样。每个家庭，都有着自己的故事。真的，其实每个家庭都会有风、有雨、有阳光，有春生秋收，有夏长冬藏。

在时代的列车上，这些家的故事风格迥异，表情独特，无可

避免地浸透时代的悲喜色彩，但都是那么的鲜活灵动、感人至深，让我们一再一再思量。在《和美家庭》一书中，既有历史故事、名人故事，又有我们身边普通人的故事，我们也许可以从这些故事中找到自己的影子，从而汲取营养和力量。

当我们一旦跳出时间轴，却又看到那么多似曾相识，有一些奥秘似乎亘古不变——从家庭的各种状态中我们看到的更多的是人与人之间的关系。一个人从家庭中获得的与人相处的能力，是其人生最宝贵的财富。同时，我们也必须思考：为了我们自己和孩子能走好未来的人生路，我们还能有哪些作为？

家和万事兴。作为社会的基本细胞，家庭的和美对社会的和谐发展有着重要的作用。和美家庭是靠家庭成员自己来建设的。在当今社会，每个家庭都会遇到这样那样的问题或困难，和美家庭也不是一个没有问题和困难的家庭，但这个家庭的成员敢于直面问题，一起携手迎接各种生活的挑战。每个家庭都会有这样那样的矛盾，但和美家庭会是一个善于解决矛盾的家庭。和美家庭的成员也并不那么完美，但是他们能够不断学习，互相帮助，不断进步。应该说和美家庭是一个个不断成长中的家庭。

其实，每个家庭都有自己的"和美基因"，只要我们注重汲取这方面的营养，家就会朝着这个方向"生长"。《和美家庭》一书就是本着让更多的家庭能够幸福美满而创作的。

《和美家庭》一书，从家庭美德的弘扬、家庭教育的科学方法、家庭理财的实用知识、家庭阅读习惯的养成、低碳与智慧的生活六个方面，结合感人的故事，生动地讲述着如何建立和维护良好的家庭关系，让爱情"保鲜"，让生活更充满情趣，让家庭更温馨。书中既讲做人做事的道理，又讲居家理财的知识，目的只有一个，从观念到行动，全面提升家庭的生活品质，让幸福感从一个个家庭洋溢出来，让清新的正能量在我们身边荡漾。

徐　凡

2015年11月

目 录

第一章

重家风，扬美德

第二章

重家教，育子孙

第三章

管好家，理好财

第四章

闻书香，阅快乐

第五章

低碳，让生活更绿色

第六章

智慧，让生活更美好

第一章
重家风，扬美德

家风是一种道德力量，对和美家庭建设具有不可估量的促进作用。因此，我们应树立良好家风，弘扬家庭美德，让家更文明，更和谐，更美好！

良好家风，无言的教育

家风，在传统社会，人们都耳熟能详；而如今，随着家庭单元的逐渐缩小，家族意识不断消减，家风逐渐淡出了人们的视野。

习近平总书记在2015年春节团拜会上发表的重要讲话中强调："家庭是社会的基本细胞，是人生的第一所学校。不论时代发生多大变化，不论生活格局发生多大变化，我们都要重视家庭建设，注重家庭、注重家教、注重家风。"

家风亦即"门风"，是指一个家庭或家族在长期的生活中，逐步形成的被家庭、家族成员认可并共同遵循的生活方式、生活习惯、思想作风、审美观点、价值取向、精神追求等方面的总和。家风是由家庭或家族成员的思想、行为和氛围营造的，存在于家庭的日常生活之中，表现在人们处理日常生活各种关系的态度和行为中。

　　家风不是物质层面的东西，与家庭、家族的贫穷和富有、社会地位高低没有关系。家风是精神、文化层面的东西，属于意识形态范畴，还可称之为家庭文化。不论贫穷与富有，也不论社会地位高低，每个家庭都有自己特定的家风。将家风用文字记载下来，则是家训。

家风是一种无言的教育

　　中共中央宣传部部长刘奇葆在一次讲话中说：家风是一种无言的教育。

　　家风是一种无言的教育，润物无声地影响孩子的心灵，塑造孩子的人格。家风是最基本、最直接、最经常的教育，它对孩子的影响是全方位的，孩子的世界观、人生观、性格特征、道德素养、为人处事及生活习惯等，每个方面都会打上家风的烙印。可以说，有什么样的家风，就有什么样的孩子。

　　人们长期生活在一个特定的家庭，耳濡目染，潜移默化，必然会不知不觉地受到家风的影响和熏陶，其言行举止，必定要带有这个家庭风气的特征，自觉不自觉地朝着家庭所希望的方向发展。作为一种无言的教育，家风的好坏，关系到一个人的人生态度和处世哲学，而且这种影响会世代传递下去。好的家风、家教，让人获益一辈子，而且还影响着家庭中的一代又一代人。

　　我们很多人都知道江南钱氏望族。这个钱氏望族延续千年，培养了众多的人才。其影响由江南一隅延伸至中国社会。据史料记载，五代十国时期吴越国王钱镠（音"留"）有妻室6房，33个儿子。钱镠虽出身寒微，以武起家，但晚年好学，在家族中树立榜样，因此王室学风极盛。他

对后代的教育非常看重，经常让孩子们诵读经典。子孙中出了许多文学家、藏书家、医药家。历朝历代，钱家出举人进士无数，状元也有不少。

近代以来，钱家人才"井喷"，佼佼者层出不穷，我们熟悉的钱学森、钱伟长、钱钟书、钱三强、钱其琛、钱正英、钱玄同、钱基博、钱复、钱穆、钱逊、钱永健……等等都名列其中，被大家编成了"一诺奖、二外交家、三科学家、四国学大师、五全国政协副主席、十八两院院士、一百多遍布海内外的科学院院士"的绕口令。更引人注目和令人不可思议的是：其中那些杰出的父子档，如钱基博、钱钟书父子，钱玄同、钱三强父子，钱穆、钱逊父子，钱学榘、钱永健父子（2008年10月8日荣获诺贝尔化学奖的美籍华裔科学家）……

钱氏家族人才"井喷"背后的谜底是什么？有评论认为，钱氏家族之所以千年兴盛，历经30多世而不衰，近代以来俊彦接踵出现的重要原因，与钱氏家族重视儒家文化传统的家庭教育模式密不可分。其《钱氏家训》就是基于儒家"修齐治平"的道德理想，并继承了先祖钱镠在临终前向子孙提出的、被后世称作《武肃王遗训》的10条要求，从个人、家庭、社会和国家四个层面，为子孙后代订立的详细行为准则。1000多年来，《武肃王遗训》和《钱氏家训》世代相传，更为重要的是，得到了子孙后代的身体力行，成为了钱家独有的家规、家风、家学和立族之本、旺族之纲。钱学森的父亲钱均夫就曾说："我们钱氏家族代代克勤克俭，对子孙要求极严，或许是受祖先家训的影响！"钱伟长先生更是直截了当地说："我们钱氏家族十分注意家教，有家训的指引，家庭教育有方，故后人得益很大。"

无意识的润物细无声的家风，比具体的教育活动给人的影响更为深刻而持久。要培养、教育好孩子，应树立良好家风熏陶孩子。

家庭教育的最终目的是塑造身心健康成长、德智体全面发展、具有完美人格的人。而人格是内在的东西，应依靠良好家风的慢慢熏陶，耳濡目染，潜移默化，才能浸润到骨髓。

家风看起来很抽象，实际是很具体的，体现在日常生活的方方面面。树立良好家风，家长应做到以下3点：

一要立足家庭，面向社会。每个家庭都是与社会生活息息相通的，孩子们长大后都要步入社会，融入社会。树立良好家风，家长应了解社会的发展趋势和对未来成员的要求，使家风既有家庭的个性特征，也要适应社会的需要。

二要加强自身修养。树立良好家风，家长应注重自身修养，注意行为举止，传承家庭美德，以身作则、言传身教，为孩子健康成长营造良好家庭环境。

三要利用家庭集体教育和影响孩子。所有家庭成员要统一思想、行动一致，哪个家长都不能放任自己，谁也不能迁就孩子。也就是说，教育孩子不能只靠某一个人，而是一个教育的整体，而这个教育的整体，实际上就是家风。

总之，培养有时代特点的良好家风，一定要了解社会、研究社会。同时，家长还要提高分辨、识别、筛选能力，对社会上出现的各种教育观念有所选择、取舍。要时时刻刻坚持主流的价值取向，不能笼统地把社会上宣扬的东西都搬到家风中来。

家风是一种道德力量

好家风对社会而言，就是一种道德的力量。良好的家风需要大家一代又一代地传承下去。如果每个家庭都能传承优良的家风，如果每个家庭成员都能具有良好的家风意识，那么，令人心寒的社会道德滑坡，就一定

能得到有力遏制。如果每一个家庭的家风是积极向善的，每一个家庭所有成员的品德是纯洁的、高尚的，那么社会就是和谐美好的。

好家风是伴随我们一生的正能量。

家庭是人安身立命的处所，每个人的行为习惯与家庭成员的素质息息相关，可以说，好的家长带出好的家风。晋代名臣陶侃年轻时曾任浔阳县吏。一次，他派人给母亲送了一罐腌制好了的鱼。他母亲湛氏收到后，又原封不动退回给他，并写信说："你身为县吏，用公家的物品送给我，不但对我没任何好处，反而增添了我的担忧。"这公私分明的话语令陶侃受到很深的教育，正是陶母的影响造就陶侃"权为民所用、情为民所系、利为民所谋"的为官之道，同时也保证儿子的幸福和快乐。试想，母亲要是夸儿子你有出息了，必然助长儿子贪污成性，迟早要过铁窗生活，何来幸福和快乐呢？

好家风，对内影响教育子孙后代，对外还决定一个家庭树立什么样的社会形象，能不能获得积极的社会评价、社会威望，是否能赢得社会的尊重，也就是能不能赢得积极的口碑和广泛的人脉，这预示着家庭、家族未来的兴衰，事关重大。

家庭虽然是比较封闭的社会组织形式，但家庭不是孤立于社会之外的，家庭和社会生活息息相通。家风好不好不单纯是家庭的私事，也直接关系到社会风气的好坏。家风好，会对良好社会风气的形成发挥积极的作用，而家风不好，会给社会风气造成污染。

因此，我们应重视家风培养、建设，努力让好家风延续下去。在一个家庭中，老人要宣扬家风，父母要示范家风，子女要继承家风，孙辈要顺受家风，兄弟姐妹要竞比家风。

夫妻恩爱，有爱才有家

夫妻关系是一个家庭中最重要的关系。男女双方从彼此认识，到彼此了解，再到彼此倾慕。后来做出了一个重要的人生决定——结婚。爱情让陌生人变成了恋人，婚姻让恋人变成了家人。

陌生男女，携手步入婚姻殿堂，源于一个字：爱。有爱才有家，有爱才会相濡以沫、不离不弃。

爱有多深，就能创造多大的奇迹。家住浙江省杭州市滨江区长河街道月明社区的汪建华和吴梅丽夫妇，他们携手与疾病斗争的非凡经历，谱写了一曲爱的乐章。

2006年，汪建华右手虎口肌肉开始萎缩。同年10月，他被确诊为运动神经元病，医学上也叫"渐冻人症"。医生说，"渐冻人"的平均寿命

只有2～5年。然而，在妻子吴梅丽的帮助下，汪建华从2009年2月开始写作，历时4年，完成了4万字的《把心焐热》，向读者展示了"渐冻人"陌生但温暖的世界。

写作过程的艰难，常人难以想象。汪建华通过眼球的摆动，告诉妻子吴梅丽他要说的话。吴梅丽手拿拼音板，一个字母一个字母挨个指。眼球上下动，就是对了；眼球左右动，就是不对。平均写一个字，他的眼球要动20次左右，写对一个字至少要花2分钟。

"我清楚地知道她已经坚持不住了，不知有多少次她靠在墙边睡着了，我想把她叫醒坐一会儿，可我却出不了声，无能为力的我只有等她自己醒来。短短的十来分钟，她就会睁开眼睛，知道自己撑不住开始打瞌睡忘了照看我，她一脸内疚和自责，这让我心如刀割。"在汪建华用眼睛"写"出的这段文字里，夫妻间相濡以沫的深情静静流淌。

夫妻恩爱，关系融洽，是家庭和谐美好幸福的基石。因此，作为妻子的你应懂得爱的真谛，讲究爱的表现形式与方法，让你们的爱情"保鲜"，让你们的关系和睦，让你们的爱巢温馨。

 夫妻之间应相互尊重

夫妻间融洽和谐的关系，是建立在彼此信任和尊重的基础上。夫妻两个人只有相互信任和尊重，才能使婚姻家庭更加牢固。

寻求别人的尊重是每个人内心的需求。每个人都渴望被人重视，被人尊重。在夫妻之间也是如此。夫妻之间彼此尊重对方的人格、习惯、爱好，对于维系夫妻关系是非常重要的。当夫妻双方获得对方的肯定之后，才能建立起良好的关系。

很多夫妻在一起相处久了，渐渐地发现了对方身上的缺点和不足，

就开始肆无忌惮地数落对方，不顾对方的尊严，伤害对方。一些夫妻更是因为觉得两个人之间已经没有什么秘密了，说话无所顾忌，无形当中伤害了对方的自尊心。

其实，虽然夫妻关系是一种最为亲密的关系，但是尊重却是必不可少的。尊重是更深的一种爱。丈夫如果不尊重你，就永远不会真正爱你；如果你不懂得尊重自己的丈夫，你也不是真正爱你的丈夫。因此，你若爱你的丈夫，就要尊重他。

尊重他人，是一种修养，也是一个人的品德。它常常与善良、真诚、谦逊、宽容、赞赏、友爱等美好的品性相得益彰。

尊重一个人，需要用心去贴近那个人。尊重对方的生活方式，尊重对方的习惯，尊重对方的爱好，尊重对方的追求，哪怕这些是你所不习惯，甚至是讨厌的。我们可以不接受对方的习惯、爱好，但一定要尊重对方。

书画阅读作品
金天

一个贤德的妻子，必定懂得尊重丈夫。在尊重丈夫的同时，也得到了丈夫的尊重。好多夫妻就是因为不懂得在婚姻中应该尊重对方，而失去了幸福。

尊重的方面有很多，无论是人格、爱好和对方的行为，都要给予充分地尊重，千万不要挖苦和嘲讽，更不能污辱和谩骂。

首先，夫妻之间要互相尊重人格。夫妻之间应说话和气，遇事互相商量，讲究语言分寸，不能因为是妻子，丈夫就随随便便，骂骂咧咧，出口伤人，甚至打人；作为妻子，也不能因为是自己的丈夫，蛮不讲理，说话带刺，顺口胡说。

其次，要互相尊重对方的工作和劳动。任何一方都不能以为自己的工作好、地位高、收入多而鄙视对方。看不起对方的工作，就是看不起对方本人，就容易挫伤对方的自尊心。尊重对方的工作和劳动，也包括支持他所选择的事业。只要是正当的、合法的，当妻子的就要尊重。不但要尊重，还应鼓励，切记绝不能挖苦，更不能打击。

再次，要尊重对方的兴趣和爱好。夫妻之间各有所好。只要是有益无害的，都应当彼此接受。不能从自己的好恶出发，把对方的情趣和喜好一律视为"没意思"，横加指责、干涉、限制。更不可要求对方服从自己的意愿。

有这样一个以艺术为纽带组成的和美家庭，他们以专业之好，实现工作之美，演绎家庭之秀。妻子赵六茹是湖北省十堰市一名专业的古筝演奏家；丈夫王军是十堰市艺术剧院副院长，主攻短打武生。从1984年至今，赵六茹已经培养出古筝学生近千人，创作出的古筝独奏曲《沂蒙颂》、古筝三重奏《赶庙会》等被《全国古筝考级作品集》、《中国筝曲集萃》等书收录。王军也于2008年荣获"十堰市五一劳动奖章"和省戏曲"牡丹花奖"，2010年荣膺"十堰市劳动模范"。

在生活中两人是相互尊重、关爱有加。丈夫每次演出回来，赵六茹不仅会给出意见和建议，还会给王军做头部按摩，以缓解丈夫奔波的疲劳；而王军也会在妻子的古筝表演的肢体语言上提很多的指导和建议。

相互尊重，互帮互助，互敬互爱，和美的家庭氛围不仅给他们带来了一个幸福的家庭，也让他们在各自的领域里不断开拓，鲜花绽放。

爱一个人，就要尊重他。因为爱，所以要保护他的人格、尊严和心灵。尊重是爱的最基本表现形式，所以女性朋友们，在维持夫妻关系时，一定要把尊重放在第一位。

夫妻之间应相互理解

世无完人莫奢求，理解体谅长厮守。夫妻之间应相互理解、相互体谅、相互包容，这样才能恩爱一生，白头偕老。

在湖北省十堰市有一个幸福的大家庭，王光宪夫妇和3个儿子、3个儿媳一起生活。在这个大家庭里，无论是父子、婆媳、夫妻，还是妯娌、兄弟之间，全家人相处融洽，父慈子孝，母贤妻惠，和和美美。

结婚多年来，父子4人，依然如初恋般呵护着自己的爱人。现如今，4对夫妻走过了金婚、银婚、瓷婚和锡婚的爱之旅程。

一个家庭，4对不同的夫妻，4种不一样的生活方式，这个家庭能长久地幸福地生活在一起，与他们之间相互理解，相互包容，遇事常交流有着密不可分的关系，而正是这样的相处方式，也让他们都拥有一个温暖的家庭，夫妻恩爱，和谐美好。

夫妻双方携手共同生活，只有相互理解才能长相厮守，只有相互包容才能酿造快乐。

高尔基说："如果人们不会互相理解，那么他们怎么能学会默默地相互尊重呢？"通过这句话，我们不难得出，理解与尊重是相辅相成的，理解是尊重的前提，而尊重是理解的结果。夫妻之间只有架起"理解之桥"，在理解的基础上才能做到相互尊重，彼此才能甜蜜共处。

如果夫妻之间能够做到相互理解，那么两个人之间的许多隔阂、误解甚至矛盾都会被化解，彼此之间就会少很多争吵，多很多甜蜜。

然而，婚姻中有一些夫妻不能理解对方，并没有真正地读懂对方。他们互相抱怨，互相猜疑，甚至还用言语中伤对方，弄得整个家庭硝烟四起。对女性朋友来说，如果我们想经营好自己的婚姻家庭，那么，就应该读懂自己的男人，清楚地知道他真正需要什么，在心里搭起一座"理解之桥"，在婚姻这座城里欣然畅行，牵着他的手幸福美满地走完这一生。

夫妻之间应相互忍让

慢慢人生路上，丈夫、妻子才是陪自己走完一生的人。在日常生活中，夫妻会遇到各种各样的事情，难免会发生矛盾。夫妻之间的矛盾，一般情况下都是没有太大冲突的。很多时候只是对待一件事的观点不同，处理方法不同而引发的情绪冲突，只要相互好好沟通与交流，矛盾往往会很快得到化解。

人的情绪是一个人非理性心态下的心理反映，只有把非理性的心态化为理性的心态，才可以避免不良情绪的影响。作为夫妻矛盾中的一方，不论自己的想法和做法是对还是错，在对方没有接受前，最好先放一放，

书画阅读作品　优秀奖　富显博

忍让一下。夫妻之间，为了生活中一些鸡毛蒜皮的小事儿而争吵，甚至大打出手，导致夫妻不和，对双方都会造成伤害。

有一对老夫妻相伴走过了几十年，几十年里他们恩恩爱爱，和睦相处。当别人问起他们爱情"保鲜"的秘诀时，老太太概括了一个字，那就是"忍"。老头儿是北方人，老太太是南方人，生活习惯有所不同，老太太就尽量去适应老头儿的生活习惯。当问起老头儿时，他也概括了一个字"让"。老太太爱较真，争死理，老头儿就事事迁就她。这就是老两口和睦相处几十年的秘诀。

当夫妻之间有了矛盾的时候，相互忍让是化解矛盾的良方。小忍让是大宽容，可以减少矛盾，让婚姻生活和谐美好，充满甜蜜。

夫妻本来就没有什么大的矛盾，有时只因琐事而争论。倘若双方互不相让，寸理必争，结果因为区区小事影响了夫妻感情，很不值得。这时候，若双方有一方忍一下，让一步，就会风平浪静，海阔天空。

婚姻是双人舞，一个人前进，另外一个人就要后退，这样才会舞动出和谐之美。

夫妻之间应相互欣赏

夫妻相处之道，千言万语，似乎可归纳两个原则：一是努力使自己被对方欣赏；二是努力去欣赏对方。欣赏是花，爱情是果。对自己所爱的人，不要吝于表达你的爱，不要吝啬你的称赞。如果在适当的场合，用适当的语言肯定、承认和称赞对方，可以让对方开心不已。欣赏，是对对方的一种承认、肯定和鼓励，必然会使对方产生一种满足感、快乐感，这是处理好夫妻关系的秘诀之一。

许多人在恋爱阶段，往往睁着一只欣赏对方优点的眼睛，而闭上另

一只发现对方缺点的眼睛；走进婚姻殿堂之后，欣赏的那只眼睛从此闭上，而睁开那只专挑缺点和毛病的眼睛。没有了欣赏，剩下的只是一味地抱怨、指责、苛求对方，这样感情就会出现裂痕，最后分道扬镳。试想一下，一个连自己妻子都看不上眼的男人或者一个连自己丈夫都看不上眼的女人能够理智地处理其他的人和事吗？事实上，任何一位丈夫或妻子只要稍加留意，就能发现另一半身上的许多优点。每一个男人或女人其实都是一本好书，关键是如何去品读！

其实爱就是一种欣赏，而欣赏的内涵是包容、信任、鼓励以及理解。只要夫妻之间懂得欣赏，婚姻生活中就会充满阳光，人生处处皆风景。只要心中有风景，只要眼中有风景，携手步入婚姻殿堂的夫妻双方就会被生活中最平凡、最普通的风景而震撼、感动。

理解和欣赏，是夫妻甜蜜相处之道，它构建了夫妻生活的高楼大厦，也绘制了家庭和谐美好的彩云。

夫妻之间应相互信任

有一句话说得好，"如果你爱他，那么请你相信他。"在现代的夫妻关系当中，相互的猜疑和不信任成了破坏夫妻关系和感情的"毒药"。许多女性喜欢充当家庭"警察"的角色，她们不是以欣赏的眼光去看丈夫，而是以警觉的眼光去监视老公。弄得不但自己疑神疑鬼，也搞得丈夫心神不宁，最后可能导致家庭破裂。

一个女士在半夜打电话给出差在外地的丈夫，但是电话中却传来了一位女性的声音。这位女性解释说，你丈夫陪客户喝醉了，无法接电话。妻子放下电话，一股儿醋意油然而生，她认定这是丈夫在搞婚外恋。不顾丈夫的百般解释，也不顾彼此的多年感情，愤然和丈夫离了婚。但是离婚后不久，她发现原来那个接电话的女士真的只是丈夫的同事，他们之间没有发生任何事情。可是，事已至此，后悔已经晚了。

还有一个女士，下班回到家里，发现自己家里有一双陌生女人的拖鞋，就大发醋意，认为是丈夫背叛了她，不分三七二十一就跑到丈夫的单位大吵一通，而且要求和丈夫离婚。可是等到丈夫愤然离去后才发现，原来拖鞋是丈夫买给自己的礼物。

猜疑是绞杀夫妻感情的绳索，信任才是建立良好夫妻关系的纽带。夫妻间相互信任是彼此爱的表现，是建立稳固家庭关系的基础。虽然现代社会中，人与人之间关系复杂，夫妻之间相互背叛和相互反目的情况也不少。但是对于每个人来说，获得别人的信任是非常重要的感受。夫妻双方如果连自己最亲近的丈夫或妻子都不能信任，对任何一方来说都是一个很难接受的事情。女性朋友们，虽然我们可以在内心怀疑，但是在没有确凿的证据之前，不要对丈夫的任何情况产生猜疑，更不要将自己的猜疑当作是已经发生的事情。要知道，眼睛有时候也是会骗人的，真正重要的是人的心。只要人的心不变，彼此之间的相互信任就不会变。

猜疑往往导致夫妻之间的关系崩溃或者遭到破坏，最后会对两个人都产生伤害。如果你不能给对方充分的信任，那么就不要和对方形成任何关系，如果这种关系一旦建立，即使是自己错了，也要信任、理解和支持他。当然，如果你确实发现对方出现越轨行为，那么，也应抱着正确的态度去处理。

怀疑是对自己的惩罚，也是对丈夫的伤害。动辄去猜疑自己的丈夫是否背叛了自己，这种感觉无异于世间最残酷的刑罚。

所以，尽量去信任你的丈夫吧！让你们的夫妻关系在相互信任之中越来越紧密。

孝亲爱老，涌动人间真情

孝亲爱老，是中华民族的传统美德，也是良好家风的重要内容之一，有助于促进家庭和谐。

在中华民族5000多年的历史长河中，孝的观念源远流长，甲骨文中就已经出现了"孝"字，这就是说在公元前11世纪以前，华夏先民就已经有了"孝"的观念。《诗经》中则有"哀哀父母，生我劬劳"、"哀哀父母，生我劳瘁"的咏叹。

那么，何为孝？我国最早的一部解释词义的著作《尔雅》下的定义是："善事父母为孝。"汉代贾谊的《新书》界定为"子爱利亲谓之孝"。东汉许慎在《说文解字》中是这样解释的："善事父母者，从老省、从子，子承老也。"许慎认为，"孝"字是由"老"字省去右下角的形体，和"子"字组合而成的一个会意字。从这里我们可以看出，"孝"的古文字形与"善事父母"之义是吻合的，因而孝就是子女对父母的一种善行和美德，是家庭中晚辈在处理与长辈的关系时应该具有的道德品质和必须遵守的行为规范。

孝亲爱老，作为一种精神，强调幼敬长、下尊上，要求晚辈尊敬老人，子女孝敬父母，爱护、照顾、赡养老人，使老人们颐养天年，享受天伦之乐。

刘学洪一家是天津市宝坻区普通村民家庭，家庭成员4人，但却赡养着公公、婆婆、妈妈、大爷公和妹妹的公婆、姐姐的公公7位老人。他们在刘学洪夫妻二人的精心照顾下安享幸福。十里八村的老人们都羡慕"七宝"老人们的晚年生活，村里的年轻人则被刘学洪夫妻二人的孝心大爱深深感动。

孝亲，是一种大爱，是人间最美的真情；爱老，是一种美德，是家庭和谐美好标志。这种大爱，这种美德，无论过去、现在还是将来，都具有普遍的社会意义。对每个人来讲，孝亲爱老是修身养性的基础。通过践行孝道，每个人的道德可以完善。否则，失去孝道，就失去做人的最起码的德性。对家庭来说，孝亲爱老是家庭和睦的前提。家和万事兴。通过践行孝道，可以长幼有序，规范人伦秩序，促进家庭和睦。

家庭是社会的细胞，家庭和谐则社会和谐，家庭美好则社会美好。不管社会如何进步，社会文明如何发达，孝亲爱老这种美德什么时候都不能丢。

"孝，天之经，地之义，民之行也。"乌鸦尚有反哺（用口衔食喂其母）之孝；羊亦知有跪乳（小羊吃奶时要下跪在地上）之恩，更何况我们人呢？试想，父母既有养育之恩，更有数十年如一日的教诲，为人子女者，能不义无反顾予以回馈么？尤其当父母处于垂老之年、贫病交迫之

际，不尽子女的孝道，能说得过去么？人，生于世，长于世，源于父母。是父母给予了我们生命，是父母辛勤地养育了我们，每一个人都是在父母的悉心关怀、百般爱护和辛苦抚养下长大的。在人的一生中，父母的恩情比山高、比海深。所以，作为子女，我们应像2015年十大感动中国人物之一朱晓晖那样，做个最孝子女。

朱晓晖，女，黑龙江省绥芬河市人。她的父亲在2002年患弥漫性脑梗塞，从此瘫痪在床，失去了生活自理能力。为了更好地照顾父亲，朱晓晖辞去了在报社的工作。为了给父亲治病，她不但卖了房还欠下了很多债。因为不堪重负，朱晓晖的丈夫带着孩子离开了她。后来父女俩在社区的车库里安了家，一住就是13年。

瘫痪在床的父亲生活不能自理，连大小便也不能控制，朱晓晖几乎每天都要给他擦洗身体。在她的细心照料下，老人卧床13年都没有得过褥疮。但常年的操劳，使得才41岁的她早已满头白发。

维持两人生活的唯一来源是老人每个月1000多元的养老保险。父亲治病的开销不能省，朱晓晖就只能去市场里捡人们不要的菜给父亲吃，自己则用咸菜就着米饭度日。虽然生活环境艰苦，但朱晓晖一直努力让父亲生活得更舒适些。除了每天照顾父亲的起居外，朱晓晖在周末还有一项重

书画阅读作品　优秀奖　高志红

要工作，就是给三四个债主的孩子补习功课。对于别人的帮助，朱晓晖感恩在心，她也在用自己的行动把爱和善意传递给更多人。

感动中国组委会给予朱晓晖的颁奖词："十三年相守，有多少日子就有多少道沟坎。命运百般挤兑，你总咬紧牙关，寒风带着雪花围攻着最北方的一角，这小小的车库是冬天里最温暖的宫殿，你病重的老父亲是那幸福的王。"

俗话说：久病床前无孝子。可朱晓晖感人的故事却告诉我们：久病床前有孝女。尽孝，是一切善德之始，也是一切幸福之源。作为子女，我们要像朱晓辉那样做个孝子孝女。

"养儿一百岁，长忧九十九"、"可怜天下父母心"等俗语无不表达了父母的含辛茹苦。我们从十月怀胎到长大成人，这其中渗透了父母太多的心血和汗水。饮水思源，知恩图报。作为子女，我们要懂得感恩，孝敬父母，报答他们的养育之恩。如今很多儿女，他们也知道孝敬父母，但孝敬的方式却不是很恰当，他们只知道一味地用物质给予来尽孝，殊不知物质给予只能满足父母衣食住行的需求，无法满足他们内心的精神需要。那么，我们应该如何尽孝呢？

行孝要及时

"父母之年不可不知也。一则以喜，一则以惧。"时光荏苒，岁月匆匆，犹如白驹过隙。不知不觉，随着我们年岁的增长，曾经年轻的父母已慢慢老去，背脊渐渐佝偻，背影日渐憔悴，不再是我们小时候所仰望的高大伟岸。

人生最不能等待的事情就是孝敬父母。孝敬父母要及时，要趁着父母还健在的时候，而不要等到"子欲养而亲不待"的时候才追悔莫及。

尹云峰一家是贵州安顺市一个普通军人兼教师家庭。丈夫尹云峰热爱军旅、勤奋踏实，妻子赵妮爱岗敬业、孝敬老人，"传承优良家风，宽以待人孝为先"成为这个家庭的好家风。尹云峰长年在边疆工作，赵妮就承担起了照顾双方老人的重任。尹云峰父母患有多种疾病，赵妮总会自己一个人坐公交、搭班车买上大包小包的生活必需品带给公公、婆婆。把公婆安顿好后，赵妮又赶去娘家照看自己父母。赵妮常说："孝敬长辈是家庭和谐的重要因素，对于家里的老人要及时尽孝。"

 常回家看看，多陪陪父母

作为儿女，当我们慢慢长大，我们可能会离开家去读书；学业有成，我们可能又要离开家去工作或创业。细细算来，我们这一生，有太多的时候远走他乡，离开养育我们的父母，不在父母身边。当我们想玩什么好玩的、吃什么好吃的，享受着自己美好生活的时候，别忘了家里渐渐老去的父母。年迈的父母，多希望我们能常回家看看，陪他们聊聊天，陪他们好好吃顿饭。所以，作为儿女不管工作有多忙，一定要抽时间常回家看看，多陪陪父母。

开封大学原副校长王其高，退休后，他毅然拒绝返聘，从工作了几十年的城市回到农村洗衣煮饭，侍奉老母亲。他说："在母亲怀胎6个月的时候，父亲就去世了，只留下了母亲和我这个遗腹子。既然母亲想回老家，我就得陪她回老家，不能让她孤独终老，我要陪她每一天。"

给予父母精神上的慰藉

不要认为给父母大把的钞票，让他们过上锦衣玉食的生活就算尽孝

心。父母年纪大了，在生活条件越来越好的今天，给予父母的不能只是物质上的满足，年纪大了，对吃上要求一般不会高，父母最需要的还是儿女精神上的慰藉。经常给父母打个电话，问候一下，让父母知道他们在你心里是非常重要的；一定要记得父母的生日，在父母生日的时候送上自己的祝福和礼物，他们心里一定会很高兴。在父母心情不好的时候，要主动去安慰，去倾听他们的心声，等等。这些都是作为儿女应当做的事情。

余美芳一家是江苏省常州市一个特殊家庭，全家6口人，却有5个姓。自1978年起，余美芳的公公先后无偿赡养了5位无血缘关系的老人，并先后为3位外姓老人养老送终。2007年，余美芳成为这个家庭的一员，从此她和丈夫刘伟接过赡养老人的接力棒。老人年事已高，没有任何经济来源，还有的老人卧病在床，经常大小便失禁，老人们的吃、穿、住、用、行和医疗方面的费用都由余美芳夫妇承担。在生活上，她们对老人精心照料，在精神上给老人以最大的安慰。

细心呵护，理解忍让

人们常说"老小孩儿，老小孩儿"，老人就像孩子，确实如此。随着父母年纪越来越大，父母的脾气有时也会像小孩子一样，爱耍小脾气，使点小性子。不要对此不耐烦，想想父母当初对待孩童时代的我们是怎样的，我们就该怎样对待他们。凡事都要忍让，即使父母做错了，也不要跟父母勃然大怒，和父母大吼，这是非常不理智的，要耐心地跟父母解释，委婉地指出他们的错误，就像他们当初耐心教育我们一样。

年迈的父母就像我们小时候一样，需要更多的关爱。没有爱，就谈不上孝。亲情比友情更加珍贵，这是无论用多少金钱物质都无法换来的一份宝贵财富。我们要珍惜与父母相处的时光，从现在做起，从身边做起，比如给父母打盆洗脚水，给父母打扫一下房间、洗洗衣服，和爸妈一起锻炼身体，带爸妈去旅行，等等。诸如此类看似简单的平常事务，但是对于我们的父母而言，却是一份最真挚的情感交流。

郭迎春一家是河北省石家庄市一个气象专家家庭。郭迎春的父母现均已80多岁，郭迎春夫妻二人坚持"孝为先"的良好家风，经常陪老人聊天、晒太阳，每年为老人过生日，陪父母外出游览大自然美景等。郭迎春的妈妈患病以后，妻子还经常为婆婆洗头、洗澡、剪指甲，帮助做按摩和康复训练等，在他们的带动下，弟弟妹妹等全家人也非常孝敬老人。

行孝不能等。作为子女，我们要心存孝念，并付诸行动，让养育我们的父母快乐幸福地安度晚年。

书画阅读作品 优秀奖 何巧凤

婆媳和睦，让家更和谐

在一个大家庭中，有很多关系，如夫妻关系、亲子关系、兄弟关系、兄妹关系、姊妹关系、公公和儿媳关系、婆媳关系、翁婿关系、岳母与女婿关系、妯娌关系等。也许有人会说，现如今独生子女的家庭居多，那些如兄弟关系、兄妹关系、姐弟关系、姊妹关系、妯娌关系等将不复存在。可是最近，我们国家已经全面实施一对夫妇可生育两个孩子的政策，这些久违的家庭关系将再次出现。处理好这些家庭关系，才能让家更和谐、更温馨、更美好、更幸福。在众多家庭关系中，不好相处的关系当属婆媳关系。婆媳矛盾，是一些家庭中的老大难问题。我们常常听到"婆婆难当，媳妇难做"、"十对婆媳九不和"的感叹。

一个美好的家庭，必是和谐的家庭。建设和美家庭，一个重要问题是处理好婆媳关系。婆媳关系和睦，是家庭稳定的基础，是家庭温馨的前提，是家庭幸福的标志。

其实，婆媳和睦相处并不难，只要婆慈媳孝，关系自然融洽。关于婆慈媳孝，有一个"媳代婆眼"的故事，很是感人。

10多年前，蒋文珍因病昏迷在床一年多，她的婆婆汤林珍情愿倾家荡产也不放弃对她的治疗。两年后，蒋文珍开始能正常行动了，可是她的婆婆却因长期伤心哭瞎了双眼。婆婆双目失明后，儿媳蒋文珍再三劝慰她说："妈，您别担心，我就是你的眼睛，你到哪我都扶着您。"10多年来，蒋文珍挑起了照顾婆婆的重担。

作为儿媳，若想处理好与婆婆的关系，除了孝敬婆婆外，还要掌握一些与婆婆和睦相处的技巧。

像对待母亲一样对待婆婆

现代家庭当中，媳妇已经成为了家庭经济的掌控者。所以，搞好婆媳关系，应该首先从媳妇开始。从辈分上来说，媳妇是晚辈，应该孝顺长辈；从身份上来说，媳妇掌握一定的经济权力，是缓和彼此关系的主动者。其实，每个女性都可以想想，婆婆是自己丈夫的母亲，如果没有婆婆，就没有自己的丈夫。从这一点上，应该感谢婆婆。另外，每个人都会变老。如果有一天你老了，你的儿媳妇或姑爷将怎样对待你，你将会是怎样的感受。

如果儿媳对待婆婆能像对待自己的母亲一样孝顺、尊敬，那么婆媳之间可能就不存在矛盾，即使存在也是小矛盾。

　　婆媳发生矛盾，作为媳妇应该豁达一些，应摆出一个友好尊敬的姿态，这样做有利于缓解婆婆心中的不平和怨气。一个智慧的女性是不会和婆婆公开摆擂的，而是平心静气地理顺婆媳之间的矛盾。做媳妇的要注意尊重、关心婆婆，遇事多和老人商量，尽量做到"经济公开"，并定期或不定期地给婆婆一些零用钱。每逢年节或婆婆生日，要记着给婆婆准备点礼物。平时给自己娘家的母亲送吃的、用的，同时也给婆婆准备一份，甚至还要多一些儿。要了解老人的生理心理特点，经常做一些婆婆爱吃的食物，一家人同桌吃饭，要注意先把好菜给婆婆，不能只顾自己的孩子和丈

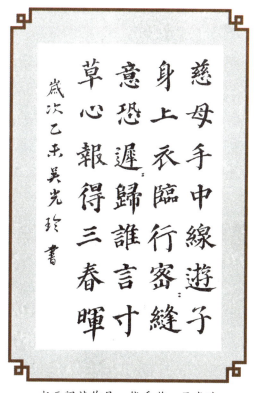

慈母手中线，游子身上衣。临行密密缝，意恐迟迟归。谁言寸草心，报得三春晖。

岁次乙未吴光玲书

书画阅读作品　优秀奖　吴光玲

夫。要尊重、关心婆婆，还必须学会适应婆婆。婆婆年纪大，思想上、生活上和习惯上有时难免有些保守。媳妇年轻，思想前卫，常常不易理解婆婆的某些习惯，所以一些举动，可能会引起婆婆的反感，从而引起婆媳不合。在这种情况下，媳妇要注意克制自己的行为举止，尽量照顾老人的性情和习惯。

只要不是什么原则问题，就要尽可能地使自己的言谈举止适合老人心意。必要时，甚至要迁就老人的某些习惯。这样，婆婆就会消除隔膜，使婆媳之间的关系和谐融洽。

在处理婆媳关系当中，儿子的作用很重要。婆婆有了烦恼，就找儿子诉说；媳妇受了委屈，要向丈夫倾吐。在这种情况下，做儿子的倘若只听一面之词，信一面之理，偏袒一方，指责另一方，那等于火上浇油，使矛盾加剧。做儿子的只有一碗水端平，既不使母亲感到失望，也不让妻子有苦无处诉，才能缓解婆媳矛盾。比如：遇到婆婆数落媳妇的不是时，作为儿子要尽量替妻子承担责任，缓和老妈的情绪。若是遇到妻子诉苦，则宜向她多做解释和安慰，要她看在夫妻情分上，原谅老人，使媳妇消去怨气。儿子的特殊角色，由儿子充当调解人，做好缓冲工作，婆媳矛盾逐渐消除，关系好转，家庭自然就会和睦。

宽容随和，化解婆媳矛盾

很多婆媳之间的矛盾，往往产生于日常生活的一些小事情。但是这些事情如果处理不好，却会引发婆媳之间的大战。

婆媳矛盾首先来自两代人之间观念的差异和隔阂。生活在不同的时代，生活方式、观念等自然不同。这样，在日常生活中，婆媳之间的矛盾就容易产生。

其次，婆婆和媳妇之间的矛盾来自不同生活背景的差异。每个家庭都会有每个家庭的思想观念和生活习惯。婆婆和媳妇来自于两个不同的家庭，难免会出现不适应。比如有的家庭规矩较多，进门必须先给长辈问好，吃饭必须等长辈先吃才能动筷；出门必须要向长辈通报等等。但是有些家庭就没有这么多规矩，比较自由，来去自如，每个人都有很大的自由空间。如果是两个来自不同家庭背景的人，生活在一起就比较别扭。

以上这些是婆媳矛盾的主要原因，看似很复杂，其实，只需要一个秘诀就能够解决，那就是宽容随和。尤其是做媳妇的，一定要具有大度的胸怀，包容和谅解自己的婆婆。要知道婆婆和自己是不同年代的人，和自己想法不一样是很正常的事情。在观念、习惯等矛盾容易产生的地方，要能够接受婆婆的想法和行为。能给予婆婆尊重的地方尽量给予尊重。不要在众人面前不给婆婆面子。对待婆婆的唠叨和不满，不要争吵，而是采用巧妙委婉的方式化解。

站在婆婆的角度考虑问题

婆婆和媳妇既是对立的关系，又是统一的关系，要找到她们之间的相似性和共同点，比如她们都是女性，都会尽力地为家庭着想，都爱自己的儿子或丈夫，都希望有一个和谐美好的家庭。那么，作为媳妇，其实大多数时候应该能够理解婆婆的感受，站在婆婆的立场上，尽量地去体谅婆婆。

其实，大多数媳妇都应该知道，做一个婆婆很不容易。她们曾经有丰富的生活经历，承担过生活的艰辛，体味过生存的困难，和命运做过斗

争。如果是一个有正常情感和同情心的女性，就应该认识到婆婆的不易。她们作为上辈人，大多数生活得很辛苦，没有享过什么福，也没有什么自己的生活，全部的心血都倾注在家庭里。到如今儿子娶了媳妇，成了家，她们暂时放下了肩上的重担。作为媳妇，应该好好地孝顺她们，以弥补她们过去为照顾家庭、抚养孩子所做出的牺牲和付出，对她们辛劳的人生给予安慰和补偿。所以，作为媳妇，对婆婆要尽量地孝顺，让她们体味到晚辈的孝敬。

作为媳妇，还要体谅老年人的恐惧感。人上了岁数，都会对子女产生依赖感。因为她们已经在社会上失去了地位，感到被社会遗忘和抛弃，那么，她们在内心很怕被自己的子女抛弃。作为媳妇，就要充分体谅到这一点。多给予婆婆照顾和关怀，让她感到被你接受和容纳，给予她们安全感。

体谅婆婆，要注意到自己和婆婆之间的差距，了解她们的内心世界，给予她们最多的关怀和帮助，让她们扫去心里的不安和阴影，同你们一起过一个幸福快乐的晚年。

天下女性都有善良温柔的一面。如果能够将自己的善良用在处理婆媳关系上，相信婆媳之间的关系会融洽不少，婆媳之间的矛盾也会减少很多。将心比心，你会在家庭关系的处理中得到善报，让你的家庭更温馨、更和谐、更幸福！

团结邻里，好邻居胜亲戚

"千金买屋易，万金买邻难。"邻里间和谐相处、守望相助是中华民族的传统美德。然而，近年来，生活水平提高了，居住条件改善了，生活节奏加快了，休闲方式增多了，邻里之间的关系却日渐生疏，互不往来，形同路人。钢筋水泥建筑的楼房增强了人们居住的安全感，反而却降低了邻里之间的温情度。

"远亲不如近邻"，是古人对邻里关系最高的评价，几千年来，我们的先人也一直这样亲身示范，并留下了"六尺巷"、"罗威饲犊"等传为美谈的邻里和谐相处的故事。

"六尺巷"位于安徽省桐城市西南一隅，是一条鹅卵石铺就的全长180米、宽2米的巷道。这条看似寻常的巷子，走完全程也不过四五分

钟，却有着一段不平常的来历。

据史料记载：张文端公居宅旁有隙地，与吴氏邻，吴氏越用之。家人驰书于都，公批诗于后寄归，云："一纸书来只为墙，让他三尺又何妨。长城万里今犹在，不见当年秦始皇。"家人得书，遂撤让三尺，吴氏感其义，亦退让三尺，故六尺巷遂以为名焉。这里的张文端公即是清代大学士桐城人张英（清代名臣张廷玉的父亲）。清代康熙年间，张英的老家人与邻居吴家在宅基的问题上发生了争执，因两家宅地都是祖上基业，时间又久远，对于宅界谁也不肯相让。双方将官司打到县衙，又因双方都是官位显赫、名门望族，县官也不敢轻易了断。于是张家人千里传书到京城，向张英求助。张英收到家书后写诗一首寄回老家，便是这首脍炙人口的打油诗。张家人豁然开朗，退让了三尺。吴家见状深受感动，也让出三尺，形成了一条六尺宽的巷子。张英的宽容旷达让"六尺巷"的故事被广泛传诵，至今依然带给人不尽的思索与启示。

邻里之争，进一步"狭路相逢"，让一步"海阔天空"。让，不等于胆小懦弱。让，是一种境界，体现了宽容的胸怀，大度的风格，高尚的情操。张英的大度礼让，不仅成为邻里之间和睦相处的典范，更是中华民族里仁为美、和谐理念的充分体现。

邻里之间由于住得近，难免会发生矛盾、纠纷。处理矛盾纠纷，一种方法是像张英一样礼让；另一种方法是像罗威一样讲解策略。

汉代有个人叫罗威，邻居家的牛多次吃了他家的庄稼，他和邻居交涉，邻居却充耳不闻。罗威没有火冒三丈，而是想，问题的焦点在牛，就从牛身上寻找解决问题的办法吧。于是，他每天天不亮就起床去割青草，然后喂给牛吃。牛有鲜嫩的青草吃，再也不去吃庄稼了。邻居每天起来，见牛圈前有一堆青草，很纳闷。后来得知是罗威所为，顿感愧疚，从此对牛严加看管。

"邻里亲，赛黄金。"无论是过去还是现在，邻里之间都应该和谐相处、友好往来。

我们生活中见得最多的人，仔细想想不过三类：家人、同事、邻里。而邻里相较于同事，又有一个层次的递进。邻里的定义是地缘相邻并构成互动关系的初级群体。通俗地说就是住得近又有互动往来的人群。邻里生活起居在同一个范围内，所以关系就更近一层。

邻里间和谐相处、守望相助，在乡村比较容易做到。

一个村儿，一家一户房，时常饭前饭后串个门儿；正做着饭，少点油盐酱醋，也能到邻里蹭点儿；谁家菜长了，玉米熟了，也叫各家去摘点儿尝个鲜儿；听见个新鲜事儿，到这家唠唠，去那家聊会儿，闲度个午后；谁家有个丧事喜事，整个村的人帮着操办；逢年过节，走走人情，请请客，很是热闹……

但是，在城市里情况却有所不同。随着城镇化建设的加快，高楼大厦一天天地拔地而起。城市里的人同一小区，同一栋楼，甚至同一层楼住着，但关系却同陌生人一般的不少，尤其是年轻人群很少与邻居接触来往。年轻人群的生活方式基本就是宅家：手机、电脑、游戏机；出门：单位、商场、酒吧、球场等。多数不会主动寻求建立邻里关系。而老人相对好

书画阅读作品　吴月

一些，因为退休了赋闲在家，人际圈子变小，所以他们更需要邻里关系。早晨同差不多年龄的人一起晨练，跳跳广场舞；晚上在小区里散步，消化消化食，同小区的人聊聊天。

增进邻里关系是非常重要的一件事，对双方都有益处的。很多时候远水不救近火，家里突发事故，真的也只有最邻近的人能够及时帮助到。

如何才能促进邻里关系和谐，其实很简单，只要我们秉持以德为邻、以情睦邻、以理服邻、以诚助邻的理念，从现在做起，从一个微笑开始，从一句问候开始，便会拉近邻里之间的距离，就能让邻里之间充满友爱和温馨。

当然，把"近邻"处得比"远亲"还亲，并不是一件容易的事，这需要邻里之间共同努力，做到互相尊重、互相体谅和互相关心。

 互相尊重

尊重，这是处好邻里关系最起码的一条。邻居的职业有不同，年龄有长幼，地位有高低，文化有深浅，不能"看人下菜碟"，应该一律以平等的态度去对待。早晚相见，要热情打招呼；唠起家常，要推心置腹。就是对待邻家的孩子，说话也要和气。如果他们做错了什么，不能随意呵斥，否则会引起家长之间的不愉快。邻里之间的尊重要出自内心，决不能当面一副面孔，背后另一副面孔。特别要注意的是，不能在左邻右舍扯"长舌"、说闲话、搬弄是非，以免引起不必要的纠纷，影响邻里团结。

 互相体谅

邻里之间还要做到互相体谅。人们的兴趣爱好不一样，生活习惯也

不尽相同。邻居中起来早的可能会惊动起来晚的，睡得晚的又可能会影响睡得早的。但是，只要能处处为别人考虑，体谅别人的困难，就会少给别人添麻烦，也不会因别人给自己带来的一点儿干扰而不满。尤其是公共用地，尽量要少占用、多清扫。不要人家放个罐，你就觉得吃了亏，非得放个缸不可；也不要你扫了一次，觉得不合算，要求人家也得扫一次。俗话说："人敬我一尺，我敬人一丈。"体谅所得到的回报，必然也是体谅。斤斤计较的后果，必然是造成邻里关系紧张。

互相关心

邻里之间在互相尊重、互相体谅的基础上，还应努力做到互相关心。邻里是生活中接触最多的人，相处时间较长，少则几年，多则十几年，甚至几十年，应该建立起深厚的友谊和感情。邻居家有了困难，应当积极地无私地予以帮助；邻居家有了病人，应当尽力地热情地给予关照。长辈要关怀爱护邻居家的孩子，孩子们更应当尊敬邻居家的长者。只有这样，邻里之情才能胜过"远亲"，甚至"亲如一家"。

邻里关系是一种人们不可脱离的社会关系。好邻居胜亲戚。因此，我们应该团结邻里，做到互相尊重、互相体谅、互相关心，搞好邻里关系。

书画阅读作品　刘微

勤俭节约，居家不可不俭

　　勤俭节约，是中华民族的传统美德。早在春秋时期，节俭就作为一种公德，为智士仁人所大力倡导。《论语》中就有："夫子温、良、恭、俭、让以得之。"其中"俭"就是节俭。诸葛亮在《诫子书》中说："夫君子之行，静以修身，俭以养德，非淡泊无以明志，非宁静无以致远。"多少年来，在我国社会发展的各个时期，艰苦朴素、勤劳节俭都作为一种被社会普遍认同的传统美德，得到倡导、保持和发扬。

　　目前，我们国家虽然取得了令人瞩目的发展成就，经济建设蓬勃发展，但我们的国家还不是很富裕，有些地区还很贫穷落后，实现伟大的中国梦面临的困难和挑战还很多，还需我们继续为之努力奋斗，勤俭节约、艰苦奋斗的传统和作风仍是我们宝贵的财富。对于每一个家庭来说，虽然生活越来越富裕，日子越过越好，但是勤俭节约的美德不能丢，要铭记"居家不可不俭"的教诲。

成由勤俭破由奢

"历览前贤国与家，成由勤俭破由奢。"一个国家的兴盛和颓败由勤俭和奢靡决定。

朱元璋是中国历史上的平民皇帝，他放过牛，要过饭，当过和尚，尝尽了人间疾苦。明朝建立之初，一些开国将士血战沙场大胜归来后，便脱掉军装，缠绵于温柔之乡，夜夜笙歌，纸醉金迷。朱元璋作为开国之君看到大明朝根基还没稳固就开始出现了奢靡颓败之迹。他居安思危，深省自身，欲亲力亲为树起勤俭之风，决心遏制奢败之象。皇后生日，朱元璋巧用"四菜一汤"（炒萝卜、炒韭菜和两碗炒青菜、一碗小葱豆腐汤）宴请高官显贵。而且约法三章：今后不论谁摆宴席，只许四菜一汤，谁若违反，严惩不贷。

朱元璋的故乡凤阳，还流传着四菜一汤的歌谣："皇帝请客，四菜一汤，萝卜韭菜，着实甜香；小葱豆腐，意义深长，一清二白，贪官心慌。"

正是朱元璋的勤勉与节俭，给了一到太平盛世就开始纵乐安享的达官贵族们当头一棒，抑制了奢靡之风，为大明朝江山的巩固奠定了根基。

成由俭，败由奢。国如此，家更是这样。

司马光是北宋著名的政治家、史学家、文学家，陕州夏县（今属山西）涑水乡人，世称"涑水先生"。

司马光是进士，曾经任天章阁待制兼侍讲知谏院，后任尚书左仆射兼门厂侍郎。

公元1066年，司马光开始主持编写一部历史巨著，起初名叫《通志》。宋神宗在位时，赐书名《资治通鉴》。公元1084年《资治通鉴》编写完成。从发凡起例，到删改定稿，司马光都亲自动笔。前后经历了19年之久，为中国史学的发展做出了巨大的贡献。

公元1086年，司马光出任尚书左仆射兼门下侍郎。任宰相仅8个月，便病故了。

司马光一生为人正直，为官清廉，是中国历史上一位很有作为、很有影响的政治家。

司马光家族世代贵胄，但家风甚好。司马家族累世聚居，人口众多，常常是几十口人生活在一起，然而，司马家族的人却都能和睦相处，宗族之间也从无闲言碎语。对内，这个家族的成员向来勤俭自励，辛苦经营，治家有方；对外，则是慷慨尚义，关心乡邻，抚恤孤寡，很受乡邻的尊重。

在这种家庭环境里，司马光受到了良好的教育和熏陶，养成了优良的习惯和品质。他做了父亲以后，也非常重视子女的教育。

在司马光生活的年代，社会风气日益奢侈腐化，人们心浮气躁，竞相讲排场，比阔气。司马光深切地感到这种社会风气对子孙后代很容易产生不良影响。

为了避免或减少这种不良影响，避免子孙走上邪路，司马光结合自己家族的优良传统、自己的生活经历以及对生活的切身体验，在晚年，特意给儿子司马康撰写了一则名为《训俭示康》的

书画阅读作品

优秀奖　庞敏

家训，紧紧围绕"成由俭，败由奢"这个古训，专门对他进行了俭朴的优良传统教育。

在这封家训中，司马光明确地提倡俭朴的美德，反对奢侈腐化，不仅在当时奢靡的流俗中具有进步的意义，就是在今天，也是难得的传统美德教材。

如今，随着人民生活水平的日益提高，人们似乎忘记了"一粥一饭，当思来之不易；半丝半缕，恒念物力维艰"的古训，攀比、奢靡之风盛行。有的人喜欢炫富，住别墅，开豪车，戴名表，穿名牌，处处显示自己的富有……要知道："奢靡之始，危亡之渐。"在我们奢靡行为开始之时，也是危亡渐渐来临之际。

勤俭节约是过好日子的法宝。不管我们是家财万贯，还是家道艰辛，千万别丢了勤俭节约这个法宝。我们每个人尤其是女性，一定要记住勤俭节约，学会勤俭节约，做到勤俭节约。

崇尚节俭的家庭是和美的

一个家的舒适、温馨、和美与幸福，往往得益于女主人的性格和管理，而不是奢华的装修、漂亮的家具或是高档的家电。女主人的好性格和好脾气是家庭舒适温馨的恒定条件。它要求家庭成员彼此互相尊重、互相谦让、互相帮助。而擅长营造舒适生活的女主人一定是善于节俭的人。她们量入为出，为将来更好的生活而攒钱，但在适当的情况下，她们也会展现出热情和仁慈。

一个和美的家庭，只要有适当的生活必需品，有一个聪慧、节俭的女主人进行管理，这个家就已经包含了幸福生活的主要因素。这个善于打理家务、聪明贤惠的女主人，做家务事都会井井有条。她安稳、勤劳且头脑清

醒，家人的吃穿用度她都安排得合情合理。她对如何有效地管理一个家庭，有着自己独特而富有智慧的方法。她会合理安排家务，在花钱上也讲究一定的方法。在她们看来，如何安排家庭的一切开支是一门很大的学问。

无论你承认与否，在家庭这个小世界里，女人是中心，男人的生活是围绕女人转的，女人是家庭系统中的"太阳"。每个家庭的和谐、美好、幸福都取决于这个家庭的女主人，取决于她的性格、脾气和她的管理才能。

当一个男人知道他的家庭以及他辛苦的工作所得正由一位节俭而智慧的妻子在打理时，他就会心无旁骛地去工作或去忙事业。

一个舒适和美的家庭虽然不能拯救整个世界，却会使家人找到快乐，感受幸福。它对家庭中的每一个人都会产生积极的影响，并通过升华个人的品质来影响社会。

鄙视节俭，是对幸福的误解

那些在生活中鄙视节俭的人，多半会有热衷虚荣的倾向。

虚荣是人们与生俱来的天性。虚荣心强的人，喜欢装体面，一心只想着让自己看起来比实际的情况要好、地位要高，并为此不遗余力地粉饰表面的生活状态，以此来满足自己的虚荣心。

其实，生活条件好了，适当地追求体面的生活本无可厚非，人人都可以在自己消费能力允许的范围内，适当地享受美食、穿着更能彰显尊贵的衣服、使用档次高一点的生活用品……这些都是心智健康和生活健康的表现。而那些喜欢虚荣的人是不顾个人的支付能力，一味追求外在的体面，比如通过负债或者赊账来为自己添置漂亮的衣服、豪华的房子，为的就是在别人眼中抬高自己，满足自己的虚荣心。

在这些讲究铺张、爱慕虚荣的观念之下，女人往往成为最深的受害群体。因为相对于男性来说，女性缺少主见，她们容易受到错误生活观念的影响，成为虚荣心的"俘虏"。在女孩成长为女人的过程中，周围的大人以及她所处的阶层和社会，都会或明或暗地教给她们这样一些观念：只有把自己装扮得像个"公主"，才会赢得更多人的尊重；要嫁有钱有势的男人才会有出头之日……在这些观念的灌输下，她们便不顾一切地装体面，把在社会上拥有可敬的地位作为她们终生奋斗的目标。她们的一言一行，主要是为了取悦他人或者获取别人的羡慕和赞美，而不是为了提高和充实自己的心灵和精神。

她们不知道，这样做的后果会使她们自己沦为虚荣、奢侈、装体面等所有卑鄙观念和想法的"俘虏"。这样的女性往往热衷于追求时髦，要竭尽全力在外表上把自己打扮得像个"公主"或者"贵妇"。所以，她们不管自身的外貌条件如何，对衣着、首饰的追逐和热爱已经完全取代了女性内在美的追求。

对女性朋友来说，如果任由这种装体面的不良风气发展下去，那么代价是昂贵的，有可能会导致家庭负债，甚至会引发家庭危机。

虚荣、装体面、奢侈，鄙视节俭，是对幸福的误解。一位女性如果非常奢侈，不重视节俭，那么，她无异是在远离幸福。她在放弃勤俭节约美德的同时，也放弃了自己争取幸福的机会。

勤俭持家，低成本生活

勤俭节约，从我做起。不要让勤俭节约成为一句空洞的口号，需要我们每一个人都成为厉行勤俭节约、反对铺张浪费的倡导者、实践者和传播者。女性朋友们，践行节俭，应做到：勤俭持家，低成本生活。

低成本生活，是指在居民消费价格指数（CPI）居高不下，通货膨胀

一路走高的情况下，如何合理满足自己的购物欲望及生活需求。具体方式有：先计划再消费，减少逛街次数；步行或者骑自行车上下班；尽量在家吃饭，减少外出就餐次数等都是省钱的好办法。低成本生活的本质，是节俭，拒绝浪费；是简朴，拒绝奢侈。低成本并不意味着低品质。在降低生活成本的过程中维持生活品质，这正是巧妇持家之道。

倡导低成本生活，需要我们在日常生活中，要养成节约一滴水、节约一度电、节约一张纸、节约一粒米的良好习惯；在用餐中按量做菜做饭，按需点菜点饭，切实减少"餐桌上的铺张"、"舌尖上的浪费"；在出行中，多选择公交、地铁、自行车、电动自行车或步行等低碳出行方式，为节能减排做贡献；在重大生活事件中坚持移风易俗、勤俭办事，以实际行动杜绝奢侈浪费的陋习。我们要做到：不该花的钱，绝对不花；能少花的钱，绝对少花，在不影响生活质量的前提下，降低各项生活成本。

低成本生活，要拥有理性的消费观：高质量消费，而不是高消费。许多人错把高欲望和高消费当成高品质生活。其实，高消费不等于高品质，低成本不等于穷日子。低成本生活的关键词不是消费，是四个字：宅、绿、闲、乐。回归家庭，享受亲情；节能减排，亲近自然；保全自我，拥有闲暇；节制攀比之心，享受日常乐趣。

高消费能满足我们的物质需求，但难以满足我们的精神需求。只有物质需求和精神需求都得到满足的生活，才是高品质的生活，才是和美幸福的生活。

所以，当物质消费得到满足之后，我们不要持续地高标准消费，可以适当地转换为精神消费，比如多买些有益的书，有时间读读，陶冶情操；空闲的时候，学学琴棋书画，慢慢地我们会感受到自己心境的变化；和家人一起旅游，到各处去走走看看，游览一下大好河山，欣赏一下大自然之美。不要为了满足虚荣心而持续地高消费，我们应该勤俭持家，理性消费，低成本生活。

倡导勤俭持家，我们应积极向家人、邻里和朋友宣传勤俭节约、反对铺张浪费的理念，积极参与社会低碳、低成本生活宣传活动，善于总结、相互交流，推广节俭、节能的生活小窍门、小发明，做宣传低碳、低成本生活的传播者。

每个人，特别是家庭女主人，应从点滴小事做起，养成节俭的好习惯，进而带动全体家庭成员增强节俭意识，营造节俭、低碳、文明的良好家庭氛围。

总之，勤俭节约、低成本生活，是一种素养，是一种品行，是现代文明健康生活方式的内在诉求，是对家庭幸福的盘算，更是一份社会义务的担当。勤俭节约是一种远见，一种态度，一种智慧。小到一个人，一个家庭，大到一个国家，整个人类，要想生存，要想发展，都离不开"勤俭节约"这四个字。一个没有勤俭节约精神做支撑的民族是难以自立自强的；一个没有勤俭节约精神做支撑的国家是难以繁荣昌盛的；一个没有勤俭节约精神做支撑的家庭是难以和美兴旺的。勤俭节约，不仅是中华民族的传统美德，更是每个家庭家道中兴的法宝，即使在生活比较富裕的今天，我们也没有理由丢弃这个法宝。

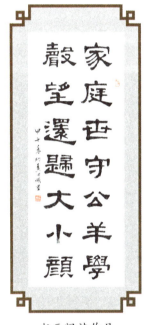

书画阅读作品

三等奖　田媛

遵纪守法，建设法治家庭

党的十八届四中全会提出了"全面推进依法治国，总目标是建设中国特色社会主义法治体系，建设社会主义法治国家"，实现"全民守法"。落实"全民守法"，需要从家庭抓起，用法治家庭建设为法治国家建设奠基。

家庭是社会的细胞。社会和谐稳定离不开家庭和谐幸福，家庭和谐幸福推动社会发展进步。全面推进依法治国，建设法治社会是重要内容；建设法治社会，需要落实到每个家庭之中。

把法治社会建设落实到家庭，是指教育引导家庭及其成员充分认识推进法治社会建设的重大意义，正确行使权利，自觉履行义务，认真学法、自觉守法、正确用法。如果每个家庭都能学法、守法、用法，那么，法治社会建设就能顺利推进，法治国家建设就有坚实基础。反之，如果家庭中出现违法犯罪者，不仅是家庭的灾难，也会对社会造成危害。无论从家庭幸福角度还是从全面推进依法治国角度，都应高度重视把法治社会建设落实到家庭。

那么，如何将法治建设落实到每一个家庭呢？

 父母应做守法的表率

建设法治家庭，父母要做守法的表率。有些家长本身就是党政机关、企事业单位的领导干部或工作人员，更应该带头认真学法、自觉守法、正确用法，注重对家庭成员进行法治引导和教育。这里讲的守法，不仅指遵守宪法、刑法、民法等一些人们所说的"大"法、"硬"法，也要遵守诸如地方法规、条例等一些人们眼中的所谓"小"法、"软"法；既要在8小时之内的工作岗位上守法，也要在8小时之外的自我支配时间守法；既要在单位和社会上守法，也要在家庭生活中守法。

加强对孩子的法治教育

从微观上讲，未成年人的健康成长关系每个家庭的幸福；从宏观上讲，未成年人的思想道德状况如何关系中华民族未来的精神面貌，关系中华民族伟大复兴的中国梦能否实现。当前，未成年人思想道德建设面临很多新情况、新问题。比如，经济社会转型中价值观迷失、道德失范问题，互联网、手机等新媒体中传播的色情、错误、负面信息等，都会对未成年人产生负面影响，有的甚至诱发青少年违法犯罪。面对这些问题，每个家庭都要有紧迫感，全力抓好未成年人思想道德和法治教育。

因此，作为父母要当好孩子法治教育的第一任老师。父母要在力所能及的条件下，多向孩子灌输必要的法律知识。比如，引导孩子阅读法治教育书籍，给孩子讲法律小故事，带领孩子参观法治教育展览，与孩子一起收听收看法治教育节目，组织开展家庭法治问题"一事一议"讨论，等等。使孩子懂得基本的法律常识，生活中遇到一些常见的问题，能够按照法律要求去观察、去认识、去对待、去处理。

让法治文化进入家庭治理

法律本身既是一种社会规范，也是一种人类文明制度和社会文化现象。传播法律知识和法治精神，就是在传播先进文化、传播社会文明。法治文化具有先进文化的方向性，这种先进性是由法律和文化在社会管理中的地位所决定的，是和谐文化的基础内容。

法治文化本身能够折射出一个国家的信誉、法律的威严和公民的尊严，能够体现出家庭作为一个社会的个体对尊崇法律、弘扬法治文明精神的程度。法律是道德的底线，如果将这种思维深入家庭、渗透到家庭日常生活，将遵守法律作为家庭建设的第一宗旨来落实，那么，这个家庭的每一位成员走向社会都会是一个行为规范、做事守法，受大众欢迎、受人敬重的人。法治文化还在于培育人心向善的意识，从小到大影响着家庭成员的生存理念及生活方式。使学法、守法、用法成为一种家风，让法治文明成为家庭日常的生活状态和生活习惯。

由于家庭具有自然和社会的双重属性，所以，每一个家庭都应该随社会的发展进步将文明成果引入家庭，将法治文明引入家庭，改变过去传统的家长制作风，营造民主、法制的治家理念。

要努力改变"家长制作风"。家庭成员一律平等，家长不能高高在上

"搞特殊"，凡事都"做主"、都"说了算"，孩子只能做执行者，没有发言权。要努力克服那些貌似合理实则违法的不良习惯。比如，家庭成员之间互不尊重隐私权，尤其是父母随便看孩子的日记、查阅孩子的手机短信；以严格"爱护"为幌子的"棍棒教育"，等等。要杜绝决定事情凭习惯而不凭法律，处理问题靠经验而不靠法律，遇到难题找"关系"而不找律师的错误做法。

建设法治家庭，要使家庭生活永远释放遵纪守法的正能量。为人重法，办事依法，家家讲法，人人守法。这样的家庭越多，我们国家法治进程建设的进程就越快。

将法治文化纳入家风家训

法治文化蕴含着法治精神，法治精神是法治文化的结晶。通俗地说，就是能够将严肃的法律内容上升为一种人类文明崇尚精神，能够将法律的强制性变为一种生活的警示性和人生的醒世性，营造出一种理性下感性生活的环境和氛围。

家庭文化品位不是一种形式，它是一个人心灵修行的自然结果，金钱产生不了品位，文化也决定不了品位，只有当人格与自然、社会和自己产生优化关系时，品位才会成为一种经久不衰的感觉。文化生活品位在现实生活中具有极强的感染力，有时品位还是一面镜子，可让那些没有品位的人看清自己，同时也能在比较中调整自己。与有品位的人为伍，的确可以洗涤和滋润自己的灵魂。社会上的不良风气会影响家庭，不良的家风也会让社会风气更为堪忧。所以，在家庭中，父母尤其是母亲的作用至关重要。要营造有品位的家庭文化生活，就需要加强学习，调动一切家庭成员的积极性来共同营造。能通过通俗的、有内涵、有品位的文化作为载体来

传播，直接体现以人为本的原则，让每一位家庭成员共同营造家庭法治文化氛围，方式喜闻乐见、雅俗共赏、寓教于乐。比如在家庭生活中通过尊老、敬老来养成在社会的关注弱者之风，要让学习、读书成为一种习惯，营造良好的家庭文化氛围，让每一位家庭成员都要树立"勿以善小而不为，勿以恶小而为之"的做人之道。

倡导法治文化可以将法律知识寓于文化思想传播之中，从而把法律制度和法律知识转化成法律意识、法治理念和法治精神，能够变知识的灌输为精神崇尚，培养家庭成员追求乐观向上的价值观，把尊崇和信仰法治的精神融入到家庭每一个成员的血脉之中。

在日常家庭生活中，将法治思维的理念渗透到日常生活，进而潜移默化地传播法律知识和法治理念，会起到润物无声、深入人心的作用。让每一位家庭成员对自己的言行负责，对自己的后代负责，时时树立家长的榜样作用；教育孩子从小养成良好习惯，遵从基本道德规范，时时坚守法律和道德底线，时时心存敬畏、心存感恩，时时保持积极向上的阳光心态；以劳动为荣，以奉献为美，任何时候都坚持遵纪守法，脚踏实地做人。

遵纪守法，由小的家庭到大的国家。只有每个家庭都具有强烈的法治意识，遵纪守法，那么，整个国家就会形成遵纪守法的良好局面。

书画阅读作品　陈清华

第二章
重家教，育子孙

　　家庭是孩子的第一所学校，家长则是孩子的第一任老师。良好的家教，对孩子的成长成材至关重要。因此，作为家长，我们应注重家教，培养、教育好孩子。

爱孩子，但不能溺爱孩子

爱孩子是天下所有父母的天性。我们放眼望去，自然界中所有的母亲都爱自己的孩子：老牛舐犊；母狼为了狼崽，自己引开猎人；在冰天雪地的北极，熊妈妈生下小熊，能坚持3～5个月禁食，寸步不离守护着幼小的孩子；在澳洲，袋鼠把小袋鼠放到自己肚皮上的袋子里，奔跑在丛林中。因此，俄国大作家高尔基曾说："爱自己的孩子，这是母鸡都能做到的。"母爱是一种自然强大的精神力量。

面对着一个幼小的生命，从呱呱坠地到蹒跚学步，再到欢蹦乱跳以至自己上下学，作为母亲，看着一天天长大的孩子，万千欣喜萦绕心头。带着这份欣喜，母亲们爱孩子的心也越发"膨胀"起来，把孩子视为掌上明珠，冬天怕冻着，夏天怕晒着，捧在手里怕摔了，含在嘴里怕化了，恨不得倾其所有来让孩子快乐开心地成长。

爱孩子没有错。然而，有些母亲们还不是很清楚，无原则地给予孩子过多爱的做法，已经远远超出了正常的爱的范围，属于溺爱了。如果爱过了头，就错了。从字面上看，溺爱的"溺"字兼有过分和淹没的意思，过分地疼爱孩子等于淹没他们。古人云："虽曰爱之，其实害之；虽曰爱之，其实仇之。"这是对"溺爱"一词最好的诠释。韩非子有句话："人之情性，莫先于父母，皆见爱而未必治也。"这是说人与人之间的感情没有比得上父母爱子女之情的。但是如果爱得不对，是无法教育出好孩子的。

著名的《伊索寓言》里有这样一个故事：

一个偷窃的少年犯被当场捉住，反缚了双手，被押到法场砍头。疼爱孩子的母亲跟在后面，捶胸恸哭。儿子回转身来，说要对她说句心里话。母亲走近去，想不到却被儿子一口把耳朵咬了下来。母亲大骂儿子不孝，犯了罪还不够，又把母亲的耳朵咬下来。那少年犯却说："假如我初次偷了同学的写字板拿去给你的时候，你打了我，那我何至于胆子越来越大，今天被拉去处死呢！"

《古今谭概》一书中有一个寓言故事：

翠鸟为避免灾祸，开始把窝筑在树的高处。孵出小鸟以后，它很喜爱，生怕小鸟从高处的窝里掉下来摔死，于是把窝向下移了移。等小翠鸟

书画阅读作品 刘颖

身上长出了羽毛，非常漂亮，它更是加倍喜爱，越发怕小翠鸟摔下来，又一次向下移动鸟窝，移到离地面很近的树杈上。这样，翠鸟放心了，然而当路过树下的行人发现小翠鸟时，稍一举手便把小翠鸟掏走了。

法国教育家卢梭说："你知道运用什么方法，一定可以使你的孩子成为不幸的人吗？这个方法就是对他百依百顺。"这里所说的就是溺爱。

现在很多家庭都是独生子女，孩子成了一家人的"心头肉"，呵护有加，爱护过度。爱护过度就是溺爱。溺爱就是非理性的过度宠爱、迁就、姑息孩子的态度。具体表现为让孩子在家中处于特殊的地位，过度保护，视为家庭的中心人物；对孩子的任性、骄横采取百依百顺的态度；生活上让孩子吃独食，包办代替；对孩子的缺点错误"护短"，等等。

由于长辈的溺爱，孩子无法建立基本的抑制反射，不能很好地抑制自我中心和独立本能。连起码的人格都难以达到社会人的需要，更不用说健全人格的发展了。

随着生活水平的提高，溺爱的问题水涨船高。许多父母都希望给孩子最好的，买东西要买最贵的，上幼儿园要上最好的。其实，对孩子过度的爱并不好。俗话说：让孩子今天好过，明天孩子就会难过。

父母过分溺爱孩子，凡事包办代替，使孩子失去了成长的空间，结果造成孩子的"无能"，遇到问题不会解决，只会退缩和求助，甚至以自我为中心。

俗话说："慈母怀中出逆子。"说的就是溺爱的害处。溺爱是爱的一种方式，但溺爱的结果往往适得其反。很多时候，溺爱会成为亲子关系恶化的罪魁祸首，因此溺爱是不可取的。

孩子是爱的结晶，疼爱自己的孩子是人的天性，然而，教育毕竟是一门艺术。我国许多父母对孩子的爱不可谓不深，情不可谓不真："我愿为你牺牲一切。"这似乎已成为一些父母的赌注。结果呢？与父母的期望大相径庭的是，在父母的溺爱下，孩子竟然越来越不满足，亲子关系也濒临恶化的边缘。

溺爱孩子可谓害处多多。虽然父母忍不住想要爱护自己的孩子，不愿意让孩子受一丁点儿委屈，但是，父母要明白：溺爱的结果只能让孩子变得任性自傲、依赖性强，父母和孩子之间的亲密关系也由此遭到了破坏。作为父母，我们应该好好思考一下如何理智地爱自己的孩子！

爱孩子需要智慧

什么是爱？爱是人世间最美好的礼物。当我们把爱的礼物送给孩子时，这个礼物适不适合他以及他想不想要？如果我们对待孩子没有爱和尊重，那么反叛和无礼就会是必然的结果。

很多父母都把自己认为是好的东西拼命塞给孩子；想尽办法，尽可能地送孩子去最好的早教中心，最好的幼儿园和最好的中小学；尽量去满足孩子的需求……认为这就是对孩子的爱。结果，自己对孩子付出了很多，但是却没有得到自己想象的结果，继而失望、焦虑。

还有一些父母把孩子当成自己的"私有财产"，为孩子设计"明天"，而一旦孩子达不到"设计"要求，就会爱之愈深、痛之愈深，或体罚，或放任自流。这样的爱，不但不能使孩子成才，反而会使孩子成为父母主观愿望的牺牲品。

美国教育家金克拉说过："在教育孩子问题上，假如你最主要的目标是因孩子表现优秀而让你感到有面子而不是为了孩子的快乐，我建议你不要开始行动。"爱孩子亦是如此，父母对孩子的爱是无条件的，有条件的爱会让孩子产生恐惧感。

爱孩子需要智慧，就是说父母应该去尝试了解自己的孩子，花一定的时间去学习与孩子生命成长有关的知识，尝试与孩子建立平等和信任的关系，互相尊重。因为，缺乏了解，爱就是盲目的；没有尊重，没有信任，爱就会演化成为支配和控制。

严是爱，松是害

俗话说得好："小树要砍，小孩要管。"孩子不懂事，如果放任自流，出现问题，责任完全在父母身上。因此说，严是爱，松是害。这个道理再简单不过了。

现在的父母都是有知识有文化的，道理都懂，可是一遇到具体的事情，往往不肯对孩子进行严格的要求或正确的教育，导致孩子养成我行我素的习惯。这是当今存在的带有普遍性的家教问题。

作为父母，尤其是母亲，我们应该怎样教育孩子，既让孩子感受到温暖的关爱又不溺爱呢？下面几条小建议可供参考：

一是要和孩子交心，循循善诱，不必讲更多的大道理，多用实际的例子，告诉孩子应当怎样去做，而不是疾言厉色，不能强迫去做什么或不做什么。如果由溺爱改为靠简单粗暴的办法去教育孩子，效果也不会好。

二是要坚持身教重于言教。父母要在各方面为孩子做表率，这是十分重要的事情，因为父母永远是孩子的老师。只有父母做出了榜样，孩子才会学着做，这样才会有更好的教育效果。

三是要做到因势利导。抓住孩子的弱点，对症下药，举一反三。例如孩子贪玩，就要注意引导孩子在玩耍中学会思考问题，学习各种知识，这样做对孩子的成长才会有更大的帮助。

爱孩子就是花时间

《父母课堂》曾经做过一个调查，涉及2400名小学五年级学生，其中"令孩子最沮丧的事情是？"这个问题的答案，几乎都是"和父母在一起的时间太少"。有的父母因为忙，没有时间陪孩子，就用金钱的形式来补偿，或者以无条件满足孩子的要求来弥补，这将直接导致孩子产生错误的爱的观念。多花时间陪孩子，对于发现和解除孩子成长中的烦恼，对促进孩子身心、智力的健康发展，其重要性是难以估量的。

每一个孩子都是父母的宝贝，可是孩子毕竟要有自己独立的人生，因此，如果溺爱孩子，可能会毁了孩子的一生，这并不是危言耸听。

作为父母，尤其是母亲，宠爱孩子的心理当然是可以理解的，自己的孩子谁都会宠爱有加。但，为了孩子的将来，母亲必须理性一些，适当地宠爱孩子是可以的，但不能过度，要把握好爱的分寸，理智地去爱孩子，而不是溺爱。

书画阅读作品　三等奖　陈雯倩

让孩子养成良好的生活习惯

习惯影响人生，决定命运。好习惯，好人生。对孩子来说，从小养成良好的习惯十分重要。父母如果不注重培养孩子的良好习惯，无疑是在葬送孩子的美好未来。

孩子将来怎样生活，怎样才能更好地生活，是需要每位父母认真思考的问题。其实对于孩子来说，当下生活的意义还没有到那么复杂的程度，最简单的能具备生活自理能力、养成良好的生活习惯就可以了。

但就是这么简单的要求，却有很多孩子做不到。现在的很多孩子可以在学习上有令人称赞的成绩，可以在各方面兴趣发展上有闪光的地方，但是唯独自己的生活却一团糟。有的孩子不会自己洗衣服，有的孩子不会整理书包，有的孩子早上就像是等待人服务的"王子"和"公主"，还有的孩子晚睡晚起，也有的孩子不讲卫生，更有的孩子懒惰成性。孩子们的这些现状，都是生活不能自理以及没有良好生活习惯的表现。

孩子的成长是很快的，良好的习惯要从小养成，习惯好坏影响一个人的一生。父母要想把自己的孩子培养成才，就应该从培养其良好的习惯入手，持之以恒。那么，如何培养孩子良好的生活习惯呢？

 ## 讲究卫生

按时作息，讲究卫生。小孩子脏兮兮的，个人卫生习惯不好，影响孩子的身体健康，因此要常洗手、早晚刷牙、勤洗澡。同时还要注意对孩子进行公共卫生的教育，让孩子养成不乱扔垃圾的好习惯。

生活有规律

父母要尽量保持孩子的生活起居的一致性。长期做下来，孩子自己也能学会独立，按一贯的生活规律来制订合适的作息时间表。一旦孩子习惯过一种有规律的生活，那么时间观念就会内化成他自己的一种宝贵素质，自我意识的控制力与意志力就得到了良好的发展。

自己的事情自己做

培养提升生活自理能力，是每个孩子在成长中都必须要解决的问题。没有或缺乏自理能力，就等于孩子是一个无能的人，将来也无法独立生活。

因此，父母不要替孩子做他（她）自己力所能及的事情。应该有意识地从小培养孩子"自己的事情自己做"的好习惯。一些小件的衣物尝

试让孩子自己去洗。要孩子做家务的目的，并非仅是要把繁琐的工作做好，或教孩子"如何去做"。这些虽然比不上发展孩子的责任感、自尊心、自信心和办事能力，但这些都是健康人格的基础。当孩子在生活中养成了"自己的事情自己做"的习惯，养成主动做一些家务的生活习惯时，孩子的独立意识与自我责任感就已增强了很多。

培养孩子的生活自理能力，指导孩子学会"自己的事情自己做"，这是形成良好生活习惯的基础。一个人的生活习惯，总是和他们生活上的自理能力联系在一起的。现在许多孩子生活习惯不好，一个重要的原因，就是从小在生活自理上缺少锻炼所造成的。不少父母对孩子溺爱，过于保护，片面强调孩子年龄小，轻视孩子劳动习惯的培养，压抑孩子对劳动习惯的需要，阻碍孩子劳动能力的发展，这种爱孩子的方式是不明智的。要培养孩子的生活自理能力，就要从孩子的年龄特点和实际状况出发，要求和教育孩子"自己的事情自己做"，让他们自己去做一些在日常生活中天天碰到又不难做到的事。在力所能及的范

书画阅读作品　秦婧

围内，选择孩子能胜任的事，从孩子自我服务劳动开始，让他获得进步，激发他进一步的劳动热情。通过这种微小的活动，可以使孩子及早摆脱成人的照顾，养成良好的自立的生活习惯。

学会节俭

现在的孩子有时花钱大手大脚，学校开运动会或组织去春游拿50元、100元还嫌少。之所以会出现这种情况，主要是父母没有注意对孩子节俭这一习惯的培养，甚至有的父母认为让孩子节俭是寒酸的表现。节俭是中华民族的传统美德。现在我们的日子过好了，有钱了，但也不应丢弃节俭这一美德，别忘了自古"成由勤俭破由奢"。其实想一想，一个从小不知道节俭的孩子，长大了又会怎样呢？要培养孩子节俭的习惯，第一要定额给孩子零花钱，让孩子自己去支配这些钱，如果提前花完，不补、不预支，让孩子学会节制、学会理财。父母还要引导孩子不同他人攀比。当然，父母首先不能进行攀比。可以尝试让孩子利用假期去品尝一下赚钱的艰辛，这样有助于孩子珍惜钱，懂得父母钱挣得不易。

不沉迷网络

如今的信息时代，人们的学习、生活和工作越来越离不开网络。为了方便学习、工作，丰富生活，很多家庭都申请安装了小区宽带，安装了无线路由器，电脑、手机上网很方便。网络是一把双刃剑。对孩子来说，若能发挥网络的正面作用，则可以为学习提供帮助；若被网络的负面信息（暴力、色情）所吸引，或沉迷于网络游戏产生网瘾，则影响孩子的学习和健康成长。所以，要求孩子上网要适度，不沉迷网络，避免产生网

瘾。父母要以身作则，少上网，多读书，用行动产生影响力，对于纠正孩子沉溺上网，效果会更好。

喜爱玩游戏是孩子的天性，但要正面引导孩子玩那些益智的、健康的游戏。以此来避免孩子去玩那些充满暴力与色情的游戏。在孩子玩游戏之前，要与孩子一起制定玩游戏的规则，切不可因孩子一时表现好了，家长一高兴，就可以允许他上网或超时上网，这样是把上网玩游戏当成奖品了，他们对游戏的兴趣也就被刺激得更浓了。对于自制力差的孩子，父母要严格一点，指导孩子在玩游戏中学会自我控制。同时要培养孩子的多种兴趣爱好，这样孩子就不会把注意力只放在玩游戏上了。同时，兴趣多、爱好广泛，对全面培养孩子的才能也有益处。

良好的饮食习惯

在饮食方面，要重视孩子良好饮食习惯的培养。在这方面，母亲要了解孩子不同阶段身体发育所需各种营养，科学安排孩子的饮食。同时对孩子的饮食要有一定的规定和要求，教育孩子不挑食、不偏食、少吃零食、不暴饮暴食。养成这些好的饮食习惯，对他的健康成长都是有益的。

总之，培养孩子良好的生活习惯，要从实际出发，对孩子提出合理的要求。良好的生活习惯是在长期生活中逐步形成的，因此，无论是生活规律还是自理能力方面的要求，都不能操之过急，要讲究科学性。采用孩子喜闻乐见的方式，引导孩子逐步养成。

此外，帮助孩子要适当。孩子最初独立做事的时候势必会有各种问题，势必会出现做不好甚至是做错的情况，这时我们可以给他一些帮助，不过这个帮助的范围大小，我们要确定好。可以用提醒、建议，但不要直接上手去帮忙；可以指点、示范，但是不要全部都包办。将帮助的范围缩小到最小，孩子才能慢慢学会。

日常生活中，孩子会不自觉地形成某些坏习惯，也会存在某些小毛病，像是偷懒、不讲卫生、赖床、不爱收拾，等等。

一旦发现孩子的某些坏习惯、坏毛病，我们应该想办法帮他纠正。比如，孩子一直赖床，那么我们就要从帮他合理安排作息时间、提醒他给自己定闹钟等方面开始入手，帮助他改掉早上不愿起床的坏习惯。

也就是说，孩子的很多不良习惯或者表现，都要在小的时候帮他改掉，不要让坏习惯一直延续下去，以免长大后不好克服。

一旦我们感觉孩子可以自己打理自己的生活了，就可以将管理自己生活的权利完全交给他，鼓励他自己安排作息时间、清洗脏衣服、打扫房间、整理物品，等等，从而培养他主动管理自己生活的好习惯。

书画阅读作品

三等奖　仉杰萍

让孩子敢于担当富有责任心

对于我们每个人来说，敢于担当富有责任心是一种优良的品质。责任心，是指一个人对自己和他人、对家庭和集体、对国家和社会所担负责任的认识、情感和信念以及与之相应的遵守规范和履行义务的自觉态度。责任心教会人如何去面对已经发生的事情，教会人爱你所爱的人。所以，父母应该让自己的孩子学会担当，不去逃避已经发生的事情，做一个有责任感的人。

责任心是孩子健全人格的基础。应该从小培养孩子的责任心，打好基础，这样，长大后才能适应社会，才能关爱他人，承担该承担的责任，尽自己该尽的义务，从而成长为社会所需要的人才。

可是，现在的许多孩子是独生子女，责任心较差，他们不知道关爱他人、照顾他人，只顾自己，不管别人，甚至不关心自己的父母。从前，我国多数家庭是多子女的家庭，生活水平不高，父母对孩子的宠爱比现在要轻得多，孩子的责任心可能在兄弟姐妹之间生活和学习活动中得到体现。例如，"让着小弟弟、小妹妹"，"哥哥、姐姐要多干活，要让他们多吃点"，等等。每个人都能担任一定的角色，长幼有序，每个人的责任、义务都不同，责任心也就慢慢建立起来了。而现在，孩子大多数是独生子女，父母、祖父母、外祖父母只有一个晚辈，宠爱有加，悉心照顾，造成现在的"小皇帝"、"小公主"性情冷漠，责任心缺乏等。

美国心理学家弗洛姆说："责任并不是一种由外部强加在人身上的义务，而是我需要对我所关心的事件做出反应。"

责任心是向上奋进的内部动力，是赢得成功人生的催化剂。因此，在孩子的成长过程中，父母一定要从生活上的点滴去培养孩子的责任心。那么，作为父母，我们应该怎样培养孩子的责任心呢？以下方法可供参考。

鼓励孩子做力所能及的家务

责任心培养应遵循这样一个规律：从自己到他人，从家庭到学校，从小事到大事，从具体到抽象。

作为家庭中的一名成员，孩子既应该享受一定的权利，也应承担一定的家庭责任，包括建立家庭中的岗位分工，承担一定数量的家务劳动。父母可通过鼓励、期望、奖惩等方式，督促孩子履行职责，培养责任心。

孩子做事往往是凭兴趣的。家长们可以从兴趣出发，逐步培养孩子

的责任心。有位10岁的小女孩，她负责倒家中的垃圾已经5年了。在她5岁那年，她突然对倒垃圾产生了兴趣，一听到收垃圾的铃声就提着垃圾桶去倒。父母为了支持她参加家务劳动的兴趣，对她倒垃圾的事予以表扬，夸她能干，还经常在外人面前称赞她。这样就激发了孩子主动倒垃圾的自豪感，慢慢地形成了好习惯，把这项劳动看成一种责任。

　　对孩子责任心的培养应该大处着眼，小处着手。要让孩子在家庭岗位上感受责任的分量，倒一次垃圾、洗一块手帕都应给予表扬鼓励，失责

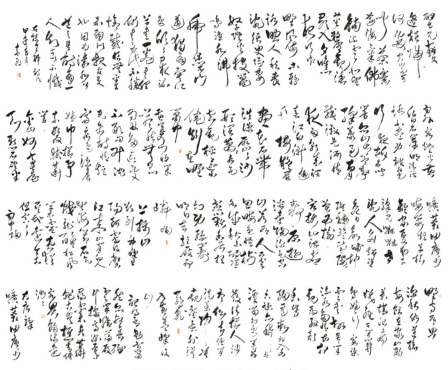

书画阅读作品　优秀奖　何素飞

时应给予批评和惩罚。只有这样，才能让孩子走出以自我为中心的狭隘圈子，强化对他人和周围环境的承担意识。

 ## 锻炼孩子独立做事的能力

有意识地交给孩子一些任务，锻炼孩子独立做事的能力。随着孩子年龄的增长，父母要逐步教育孩子"自己的事情自己做"。做之前提出要求，鼓励孩子认真完成。如果孩子遇到困难，家长可在语言上给予指导，但是不能包办代替，要让孩子有机会把事情独立做完。

责任心的培养要通过孩子自身的实践体验，家长越俎代庖是无济于事的。有的家长代孩子整理书包、帮助孩子系鞋带、帮助孩子检查作业，等等，这种做法不利于孩子责任心的培养。锻炼孩子独立做事的能力，有助于培养孩子的责任心，有利于培养孩子早日形成自立自强的性格。

 ## 要求孩子做事情要有始有终

孩子好奇心强，什么都想去摸摸、去试试，但是随意性很大，做事常常虎头蛇尾或有头无尾。因此交给孩子做的事情，哪怕是很小的事情，家长也要有检查、督促，对结果有评价，以便培养孩子持之以恒、负责到底的好习惯。

 ## 鼓励孩子勇敢地承担责任

要培养孩子的责任心，应鼓励孩子勇敢地承担责任。尤其是男孩

子，应该具备敢作敢当的精神。也就是说，只要做了某件事情，不管是做对了，还是做错了，都应该勇于承担。

例如，孩子不小心损坏了同学的文具，这时应该让孩子知道，是由于自己的过错，才造成了这种后果，应当给予赔偿。也许对方会认为损坏的文具没多少钱，或认为孩子损坏文具是常有的事，或者不好意思收下孩子的赔偿，但父母应坚持让孩子给予对方赔偿。这样做的目的是让孩子知道，谁造成不良后果，就该由谁负责。将来长大后，也会做一位勇于承担责任的人，不仅要承担家庭的责任，更要承担社会的责任、国家的责任。

 鼓励孩子参与思考和处理家庭问题

可适当地让孩子了解一些父母的忧虑和难处，提出一些问题，引导孩子独立思考和判断，大胆发表自己的见解。让孩子感到家庭的美满幸福，要靠爸爸妈妈，也要有自己的共同参与，进而增强孩子对家庭的责任心。

 引导孩子关爱他人，善待他人

孩子心中有爱，关心他人，善待他人，这是培养孩子对社会责任心的基础。作为父母，应引导孩子主动关心老人、病人和比自己小的孩子。

父母生病的时候，让孩子学会照顾父母。

让孩子知道父母的生日，鼓励孩子给父母送上一份生日礼物。

责任心，是孩子日后能够立足于社会、获得事业成功与家庭幸福至关重要的人格品质。培养孩子的责任心，父母的教育态度和行为很关键。良好的教育态度，对孩子责任心的形成具有重要作用。对孩子采取民主的态度，鼓励孩子独立思考，允许他们表达自己的观点和看法，有利于孩子形成责任心。

娇惯、过度保护孩子，让孩子从小养尊处优、自私自利、为所欲为，孩子成年后就会缺乏对社会和他人的责任心。

让孩子绝对服从的教育方式只能培养出唯命是从、毫无主见、不敢负责的人。

父母是孩子的第一任老师，父母的行为对孩子具有深远的影响。父母要做孩子的好榜样。父母自身对家庭、对社会的责任心如何，这对孩子来说具有榜样的作用，父母的责任心可以折射出孩子的责任心。一个对家庭、对社会毫无责任心的父母，无法培养出有责任心的孩子，更无法培养出具有社会责任感、国家责任感的合格的下一代。

给孩子自由成长的空间

有些母亲有这样一种根深蒂固的思想观念，孩子年龄还小，既无知又不谙世事，甚至没有正常人的思维，所以他必须听从大人们的安排。有的母亲甚至经常这样说："我是你妈，你就要听我的。"甚至把孩子当成自己的"私有资产"，认为"他的生命是我给予的，就必须听从我的安排"。

殊不知，孩子不是父母的"附属品"，而是一个有独立人格的人。从孩子来到这个世界上的那一刻开始，他就是一个独立的个体，虽然他在生活上需要父母的照顾，在经济上需要父母的帮助，但是他有自己的思想和感情，他希望自己能主宰自己的生活，他有自己的思维方式。

英国心理学博士希尔维亚·克莱尔曾经说过这样一段话："这个世界上所有的爱都以聚合为最终目的，只有一种爱以分离为目的，那就是父母对孩子的爱。父母真正成功的爱，就是让孩子尽早作为一个独立的个体从你的生命中分离出去。这种分离越早，你就越成功。"

孩子是一个独立的社会人，早晚有一天要离开父母走向社会。为了让他更健康、更快乐地成长，为了让他将来更好地立足于社会，我们要把孩子当成一个独立的人，这就需要给孩子一个自由成长的空间。

凡事让孩子自己选择

很多父母觉得孩子还太小，没有能力做出独立的选择，便事事都代替他做出选择。可是我们是否想过这样一个问题，如果孩子连日常生活中的小事都当不了家，做不了主，以后遇到一些重要的事情，他知道如何处理吗？他恐怕连去想一想的勇气都没有！

我们不可能时刻陪伴在孩子身边，也不可能帮助他一辈子。孩子的未来终究要掌握在他自己的手中。因此，对于孩子有能力做好的事情，我们要大胆放手，把选择权交给他，让他自己去选择，比如，今天穿什么衣服，吃什么饭，买什么样的文具，周末有什么安排，等等，这样慢慢地，我们会发现，孩子变得果断了，变得有主见了，也变得更加自信成熟了。

对于知识、经验不够丰富的孩子来说，一些重要复杂的选择比较有困难，这个时候，父母要给他提供适度的帮助。比如，帮孩子缩小选择的范围，这样孩子就学会了在限定范围内进行选择，进而就有能力在众

多选项中做出正确选择。再比如，我们提醒孩子不要轻率地做出选择，要经过慎重考虑后把事情各方面都考虑周全后再做决定，同时要告诉孩子，一旦做了选择就要为之负责。如此，遇到选择时孩子会慎重地做出决定，也会有了一份担当。

孩子的选择很有可能不是最好的，这是因为孩子经历的事情比较少，经验不够丰富，思想也没有完全成熟，对事情的考虑欠妥当，但是我们不能因为这样就否定孩子的选择，对于可行的事情，我们就要支持。

支持孩子的选择并不代表没有原则和底线，不代表我们要盲目支持。如果孩子所做的选择明显不妥，或是有违某些规定、伦理道德，我们就不能放任不管了。要指出存在的问题，让他知道错在了哪里，帮助他进行分析判断。

书画阅读作品　宋英

尊重孩子的隐私

孩子尽管与我们朝夕相处，但我们也还是想要做那个掌控他一切的人，对于他的内心到底都想了些什么，我们也会格外好奇。孩子的生活应该是个什么样的状态？孩子心里想的是什么？对于这类问题，很多母亲会回答："身为母亲，我当然要了解他的全部，否则，如果我什么都不知道，又该怎么教育他呢？"

在这些母亲的心里，显然是将孩子看成了自己的"附属品"，认为自己可以肆无忌惮地探知属于孩子的各种秘密，并且认为，孩子绝对不能对自己有任何隐瞒。

孩子的日记、信件，是他的私有物，我们尊重孩子的独立性，对他的私有物也要放一份尊重在其上面。

每个人都应该有隐私权，孩子的日记、信件就属于他的隐私。除非他个人愿意，否则，谁也不能擅自拿来阅读并且评价。我们要给孩子一定的自我心灵空间，不能过分涉足他的私人领域。

赋予孩子言论自由的权利

不可否认，有一些比较开明的母亲，的确给了孩子言论的自由。但事实却是更多的母亲对孩子的言论自由给予限制。

有的母亲对孩子持有的不同观点，往往持排斥态度。很多时候，他们不容许孩子发出不同的声音，所以必须保持高度一致。有一些母亲，比较喜欢孩子想法和自己一样，所以孩子的想法得不到自己的认可，就表现

得很不开心。有的母亲和孩子讨论问题，不是以理服人，而是以势压人。辩论不过孩子时，就要起无赖，说什么晚辈要尊重长辈之类的话。有的母亲生起气来，干脆就来一句"这里轮不到你说话"。

只要孩子没长大，那么不管他说什么，我们都会有种"这话真幼稚"的感觉。如果他再说出一些好像很自以为是或者自己觉得很了不起的话来，我们更会觉得他有些大言不惭。对于孩子这样的话，有一部分母亲会采取不理会的处理态度，而很多母亲则会反驳孩子的话。

其实孩子只是有表达欲望，他更喜欢那种有人听他说话的感觉。我们不能总是以成年人的视角去审视他说出来的话，更多的应该意识到这是孩子作为一个独立的个体自由发言的权利。他说了什么先放在一边，重要的是他应该享有自由发表言论的权利。

父母过分干涉孩子的说话其实是剥夺了他们成长的机会。要知道，我们对孩子的那些所谓的"爱"与"保护"束缚住了他的手脚和头脑，让他失去了自由成长的空间。孩子3岁之前不能与父母分离，否则容易产生不安全感；但是，7岁之后应适当放手让孩子自己做决定，帮助他建立自己的人际关系；15岁以后则要基本放手，让他大胆地说话，充分表达自己的想法。家长给予必要的启发和建议即可。

与孩子平等地沟通

亲子关系是每个人来到世间的第一个人际关系，它对孩子的健康成长意义重大。良好的亲子关系是一个和美家庭的标志之一。正常的亲子关系应该是愉快和谐的，但是在现实生活中，因为观念、思想等原因，导致父母和孩子沟通不畅，亲子之间的关系出现种种问题。

一个家庭亲子关系良好，关键在父母与孩子沟通的技巧上。放下长辈架子，平等地与孩子沟通，可以让家庭和谐，充满温情，也会使父母在教育子女上变得轻松许多。然而近年来，许多亲子冲突的结果，造成了许多遗憾，这往往是沟通的不平等造成的。

有一些孩子喜欢听朋友的话，却不喜欢听父母的话。孩子之所以喜

欢听朋友的话，那是因为朋友能够尊重自己的想法，双方的地位都是平等的，孩子和朋友交往中体现了一种自由平等的精神，但是父母给孩子的是一种专制。

很多事情上，尤其是沟通上，作为父母的我们并没有真正平等对待孩子。孩子很难平等和我们进行交流，一旦孩子在交流过程中不听我们的话，家长立刻采取高压手段。如果孩子把自己的一些想法告诉我们，要是这些想法不符合我们的喜好，那么，我们就会采取责问的手段，甚至进行打压。

英国著名教育家赫伯特·斯宾塞说："沟通不是在任何人之间都能实现的。父母只有放下架子，做孩子的知心人，才能实现最成功的沟通。"的确，只有家长放下架子，平等地与子女交流，孩子才愿意把心里话告诉我们，从而实现有效的沟通。平等地与子女沟通，关键是心态要摆正。如果父母处处都是高高在上，那么就很难平等地与孩子进行沟通。

那么，作为父母，尤其是母亲，怎样才能做到平等地与孩子沟通呢？下面介绍几种方法，供父母参考。

尊重孩子，做到人格平等

如何才能表现出平等来？首先在行为举止上表现出来。父母是孩子的启蒙老师，既要维护"师道尊严"，又要降低自己的"高度"，俯身与孩子交流，平等沟通。比如，蹲下身子，坐下来，弯下腰，都能做到和孩子的视线平齐，也就是平视，这种平视的感觉就可以让孩子感受到平等。还比如，时不时地和孩子拉拉手，拍拍他的肩，彼此对视一笑，互相击个掌等表现，也会让孩子感受到轻松，从而消除和我们说话的那种紧张感。这种方式的沟通不仅会拉近我们与孩子之间的身体距离，更会拉近我们与孩子之间的心理距离。

无论是蹲下身子和孩子沟通，还是和孩子一起坐下来沟通，都体现了我们对孩子应有的尊重，而他也更愿意和我们交谈。

平等地交流不仅仅是指位置上的平等，更重要的是语言上的平等。谈话开始时，我们可以像对朋友那样来一句"咱们聊聊吧"，而不要说"你过来，妈妈跟你谈谈"，后一种说法会让孩子感到紧张，这样从一开始，不平等性就出现。而前一种说法很轻松自如，孩子自然也能轻松应对，在聊天过程中即使是有时候要说孩子出现的问题，我们最好也要保持冷静。这种平静说起来容易，做起来却很难，有的时候我们在开头还能控制住情绪，到后来越说越激动，可能最终还会变成一个母亲教训孩子的场景。所以，在与孩子沟通时，我们一定要自始至终保持镇静，不发火，不动怒。

在与孩子沟通时，孩子渴望像大人一样，可以随意发表自己的观点和看法。出于对孩子的尊重，我们应满足孩子这种平等沟通的需求。不过，这并不意味着我们对孩子盲目顺从，而是懂得尊重他，并在尊重的基础上与他沟通。

在这种沟通方式下成长起来的孩子，会从我们身上学到什么叫"平等"与"尊重"，并将"平等"与"尊重"应用到以后的人际交往上，既不会盛气凌人，又不会屈尊于人，而是以一种平等友善的姿态与他人交流与交往。

但是，我们倡导以平等的态度对待孩子，有时候却一不小心就走进了"平等"的误区，结果让孩子在所谓的"平等"中唯我独尊、为所欲

为。在与孩子平等沟通时，我们要避免以下两个方面的误区：

一是平等就是没大没小。有的父母和孩子沟通强调平等，倡导用朋友的方式沟通，这种态度是好的，但是很多时候，这种平等就变成了没大没小，有的孩子可以直呼父母的大名，如此就没有了"长幼有序"的家庭关系。这里所讲的平等，是人格上平等，而不是辈分上平等，是赋予孩子与我们一样平等的人格地位。

二是平等就是盲目顺从。有的父母认为，平等地与孩子沟通就是凡事都顺从孩子的意愿，凡事都由他说了算。其实，这并不是真正的平等。作为父母，我们有责任引导教育孩子，当然这种教育不是以高姿态、耍权威要求他必须听我们的，而是以教育者的姿态，采用友善的方式给予他引导和教育。这才是我们想要的结果。

定期沟通，但不是"集中算账"

有一些父母，尤其是母亲，把定期沟通看成是一种"集中算账"，会把孩子的问题都攒到一起来说。殊不知，孩子最不喜欢家长这样。母亲一条一条地挑着他可能好久前犯的错误，然后一直从好久之前说到现在，就好像这么长时间里孩子都没有做什么好事一样。有时候孩子自己可能都已经忘记了做过什么，可母亲却一条条都数落了出来，这也让孩子感到很气恼。久而久之，孩子会开始厌恶并惧怕这样的所谓"沟通"。因为在他看来，每隔一段时间，他都要接受家长的一次"审判"，这个滋味当然不好受。而这种沟通方式，最终会导致孩子不愿和我们沟通。

所以，即便是定期沟通，我们也不要只说孩子的问题，气氛完全可以轻松一些。从他的良好表现开始，也可以从他感兴趣的事物开始，将问题夹杂在其中，也别用严肃的批评式的口气，而是用劝导、指点的方式，孩子也许会更乐意接受。而对于孩子遇到的问题，我们都要给出指导和建议，多帮助才是孩子所需要的。

多表扬，少批评

在与孩子沟通的过程中，聪明父母的做法是多表扬，少批评。表扬其实是最能拉近与孩子距离的一种表达方式，也是最有效的激励孩子成长进步的方式。表扬会使孩子更好更快地进步，会使孩子充满更多的正能量。不管是在大事上还是在小事上，我们对孩子的表扬都会给他带来身心的愉悦感受，而且表扬的氛围多半都是轻松的，我们轻松的态度也会让孩子感到轻松；听到父母的表扬，会让他意识到自己

书画阅读作品

优秀奖　徐丽红

的表现是良好的，是值得夸奖的，他也会更愿意有好的表现，而且父母的表扬也给他带来轻松感，这样他也更能放松下来和我们聊天，而且这时他的话可能也会比平时更多一些。我们也才能借由表扬来拉近亲子关系，从而和孩子有更多的交流和沟通。

所以，对孩子平时的良好表现，我们要多肯定，在某些重要的节点，比如考试、比赛或者孩子有了重大进步的时候，再给出比较正式的表扬来鼓励并推动他继续进步，这才是最合适的表扬。

表扬应该要起到一个推动的作用，但不能过于频繁和泛滥，要能让孩子从中感受到力量，能意识到表扬是可贵的，应当珍惜。能明白自己应该在哪里继续努力，这样的表扬才是孩子所需要的。否则，只会消磨孩子对表扬的感觉，并可能让其逐渐变得麻木不仁。这样，表扬就失去了应有的效果。

另外，我们的表扬一定要真实，不能为了取悦孩子而夸奖他，也就是说只有孩子真的做出了值得表扬的行为，才能去表扬他。

除了表扬，日常生活中我们也会经常批评孩子，而从另一种角度来说，批评其实也是沟通的一种方式。只不过与表扬那种轻松愉悦的气氛相比，批评的气氛要显得更为严肃一点，而且提到的问题也往往都相对较为严重。但是，这并不意味着批评就可以毫无顾忌地大发雷霆，批评要讲究艺术。一个微笑，一个眼神，足以传递善意的批评，会达到良好的效果。批评也要注意效果。对孩子的批评不能太过分，尤其是不要涉及孩子的人格；否则，一旦批评变了味道，就变成了对他的一种人身攻击。如果带给孩子伤心、羞愤的心情，也许会导致他走向极端，要不就是从此一蹶不振，要不就是彻底"破罐子破摔"。

直接点明了问题的严重性，并引导孩子自己去思考，而且还提出了希望，这才是有效的批评。

批评的内容要准确，这是批评的重要原则。有效的批评，除了保证情绪不过激之外，还要保证批评的内容是准确的，这就要求我们要明确指出孩子哪里出了问题。有的放矢，孩子才能心服口服。所以，不要太过简单地只说孩子"你错了"，而是要告诉他哪里做得不对，哪里的做法有问题，哪里可以改进，而正确的应该怎样做，这样孩子才会得到深刻的教训。

批评时，不算老账，这是批评的另一重要原则。也不要总是翻着"旧账"去批评孩子。他当下出了什么问题，就只说他当下的问题，别接着就开始往回"翻账本"。有的家长每次批评都要把陈芝麻烂谷子抖搂出来一起说一遍，这无疑会让孩子感到厌烦。

运用多种形式与孩子沟通

一说到"沟通"，多数人首先会想到使用语言。的确，语言表达是沟通最直接、最明了的表达方式，能很容易让人明白自己想要表达的意思。很多时候，一些非语言的表达方式，往往也能起到很好的效果，甚至会比语言表达更能让对方理解。

可以利用一些现代的聊天工具，如QQ、微信等，也和孩子一样取一个有意思的昵称，借助这些工具来交流。

在选择沟通方式方法上，要自由灵活，可以将语言沟通与聊天工具沟通混合交叉在一起来使用。也就是说，语言沟通中可以夹杂着动作表情的表达，让孩子能深刻体会我们要表达的意思，而有些话我们也可以用聊天工具沟通来进行交流。像是孩子的一些私密事，不方便面对面说的事

情，我们也不妨用聊天工具来和他进行交流。

　　总之，沟通不能太死板，若想要更好地和孩子进行交流，若想要真正走进他的内心世界，了解他的想法，我们不仅仅要多关注孩子，多关注他的动态，还要及时调整我们的沟通状态，选择最合适的方式方法，来和孩子建立最良好的亲子沟通关系。

鼓励孩子多动脑、多思考

世界著名科学家艾伯特·爱因斯坦曾经说："学会独立思考和独立判断比获得知识更重要。"的确如此，如果孩子只是单纯地从书本中获取知识，而不懂得去思考、去分析，那么，他就难以将书本中的知识变成真实的学问，也难以将知识转化成能力。

"学而不思则罔"。读书是学别人的智慧，思考才是自己的智慧。求学之道，必本于思。

通常来说，人的智力是由观察能力、记忆能力、思维能力、想象能力、操作能力组成的，这五种能力被统称为智力结构的五大要素。其中，思维能力是核心，是衡量一个人智力高低的主要标志。这足见思考对于一个人的重要性。

尤其是在如今这个信息时代，独立思考能力显得尤为重要。孩子能够形成独立思考的能力，他的视野就比别人宽广，思维比较缜密，做事有自己的主见，遇到疑难问题时，会自己想办法解决，在学习上会更加游刃有余。

此外，孩子一旦形成独立思考的能力，对人生的种种选择也会更具有甄别能力，可以在成长的道路上少走一些弯路。

不过，独立思考能力并不是与生俱来的，需要后天的培养和训练。因此，从孩子小时候开始，我们就要注重培养他的独立思考能力，鼓励他多动脑、多思考。

那么，作为父母的我们，应怎样培养孩子的独立思考能力呢？

鼓励孩子的求异思维

求异思维、富有想象力和创造精神是一个人成才的必备条件。父母们应鼓励孩子凡事多动脑筋，从不同的角度去寻找问题的答案，而不要限制孩子，阻碍孩子开阔视野。成人在考虑问题时，常要受到许多潜在因素的限制，但孩子却不同，他们可以让思维插上翅膀尽情驰骋，他们常常会想出出人意料的答案，这是很可贵的。

面对孩子提出的很多稀奇古怪的问题，很多父母并没有给予足够的重视，常常以为这是孩子不切合实际的"异想天开"，往往一笑了之。有的则指责孩子，让其不要胡思乱想。这种做法是不可取的。不可否认的是，人类社会的进步过程，从一定意义上说，就是不断提出"异想天开"，而又不断实现"异想天开"的过程。孩子有"异想天开"的想法，母亲都应该为孩子们能有"异想天开"的想法而感到高兴。如果我们的孩子有这种"异想天开"的想法，我们要肯定，要鼓励，同时要进行必要的引导。

不应总是让孩子认为父母的知识就是绝对不能更改的，让孩子具有一些"怀疑"精神，对他扩展思路是有益的。要知道，没有人类的大胆想象和艰苦探索，也许今天人们还会认为天是圆的地是方的。科学的每一进步都离不开大胆的设想，也离不开对现有模式的"怀疑"。如果孩子只知道按照老师和家长给的答案去回答问题、思考问题，就会扼杀孩子的想象力、创造力，就会扼杀其创新精神，创造能力，人类社会也就不会有所发现、有所创造、有所突破了。

让孩子经常处在问题的情境之中

如果孩子不爱提问题时，家长应该主动"设计"一些问题去考他，或者放下架子向孩子"请教"一些问题，还可以在家庭遇到一些疑难问题时去和孩子商量。这些做法，可以促使孩子主动思考。

我们可以多问孩子几个"为什么"，比如，"为什么天空是蓝色的？""为什么气球能自动飘在空中？"也可以围绕"一物多用"向孩子提出一些问题。比如，"回形针有什么用途？""砖头除了可以盖房子之外，还有什么用处？"等等。

书画阅读作品 一等奖 陈昭

此外，我们还可以经常和孩子展开讨论，或是讨论某个话题，或是讨论对某个人物、某件事情或某种现象的看法，从而锻炼他的思维能力。

我们最好掌握一些向孩子提问的技巧，比如，提问的时候，以"假如……"开头，多问他"除了……还有……"让他比较不同事物的异同，让他在回答问题的时候多举一些例子，等等。这有利于启发孩子进行独立思考，扩展他的思路。

有人说，问题是思考的起点。没错，如果孩子经常处于问题的情景中，大脑就会一直处于积极活跃的状态，就会思考如何解决问题。而问题的解决过程就是一个思维能力的训练过程。因此，我们要根据孩子的年龄特点、认知能力、知识掌握的情况，给他创造思考的情境，引导他去思考问题，探索问题。

不要直接告诉孩子问题的答案

孩子天生就比较依赖父母，尤其是刚入学的孩子，每当他在学习上遇到疑难问题的时候，第一个念头就是找父母帮忙。这时候，如果我们直接把解决方法和问题答案告诉孩子，就剥夺了他独立思考的机会。这对其学习能力的提高是很不利的。

事实上，教育不是直接告诉孩子"答案"、"结论"，而是启发他去"思考"，去"感悟"。孩子只有独立思考遇到的难题，才能明白答案是如何得来的，才能真正掌握所学的知识，而当他再遇到类似的问题时，就能独立解决了。

所以，当孩子向我们求助的时候，我们不要直接告诉他答案，也不要给他过"透"、过"细"的辅导，而是鼓励他通过自己的努力去解决问题，可以对他说"这个问题没什么大不了的，你完全可以自己想办法解决"。

如果孩子暂时无法独立解决问题，我们就可以给他一些时间，或提供一个解决问题的某些条件，力争让孩子自己去完成。

让孩子多玩一些益智类游戏

研究表明：孩子玩一些富有想象力、创造力的游戏，有利于培养他的思考能力。那么，我们就可以在游戏中注入智力因素，促进他独立思考能力的发展。

平日里，我们要多让孩子玩一些益智类游戏，比如，下棋、走迷宫、搭积木、玩魔方、玩数字类游戏等。节假日，我们可以带孩子参加一些智力竞赛之类的活动，或者是在家举办类似的活动，最好邀请孩子的同学以及邻居家的孩子一起参加。

玩玩具和做游戏时，不一定非要孩子照一成不变的模式去做，不妨出点新花样。有些事情，孩子因"异想天开"而出了差错，不要急于去责备孩子，而最好帮助孩子去纠正，找到更妥当的方法，并告诉孩子什么是可行的，给他适当地提示，让他换个方法再试试。做对了就要给予表扬。这样，孩子便会从成功中获得喜悦、获得更好的自信。在孩子遇到问题时，也就习惯去用脑筋想一想了。

在这个过程中，我们要教孩子运用比较、概括、推理等方法去思考问题，鼓励他多动脑、多思考，从而培养他独立思考的能力。

总之，为了培养孩子勤于动脑的习惯，家长要经常创造动脑筋的氛围，拓宽孩子的视野和知识面，鼓励孩子多想、多问、多探讨、多探索，这样，才会更好地开发孩子的智力。

让孩子抬起头来走路

"让每个孩子都抬起头来走路。"这是前苏联著名教育家苏霍姆林斯基曾经说的一句富有哲理的话。

"抬起头来走路",这虽然只是一个简单的动作,却意味着对自己充满自信心。无论是谁,当他把头抬起来、大步前进的时候,他浑身就充满着力量,他心里的潜台词是"我能行"、"我是最棒的",自然也会不断取得进步。

英国杰出的戏剧家威廉·莎士比亚曾经说:"自信是走向成功之路的第一步,缺乏自信是失败的主要原因。"

虽然自信心不一定是走向成功的决定性因素,但却是走向成功的桥梁。

自信心强的孩子比较乐观,从不轻视自己,遇到困难的时候,不会说一些丧气的话，而是坚信"我能行"，从而自信心会逐渐固化为一种积极的心理品质，鼓舞他不断奋进，直到取得成功；缺乏自信心的孩子比较悲观，总认为自己各方面都表现得不好，做事情缩手缩脚，每每遇到困难的时候，"我不行"的念头就会在第一时间蹦出来，如此下去，他就更认为自己不行，这样恶性循环下去，对成长进步非常不利。

对于孩子来说，自信心是他对自己完成某一活动或者完成学习任务能力的自我估计、自我认识，坚信自己能做成某件事情、达到某种目标的心态。

自信心是孩子学习进步的关键因素。它能帮助孩子对自己的能力有比较客观的估计，既充分相信自己，又不盲目乐观，从而根据自己的实际能力确定自己为之努力的目标。当遇到困难时，能够坚持，相信自己可以完成任务；在自己犯了错误时，能够及时纠正；在完成已有任务之后又会追求更大的成功。因此，在家庭教育中，在初步诱发孩子学习兴趣之后，应该不失时机地进行自信心品质的诱发和培养。

自信是孩子成长过程中的精神力量，是促使孩子充满信心去面对困难，努力完成自己愿望的动力。那么，该怎样帮助孩子树立自信心呢？

设法让孩子体验成功的喜悦

帮助孩子建立自信心，一个简单有效的方法就是设法让孩子体验成功的喜悦。因为自信本来就是一种高级心理活动，是孩子对自己完成某一事情任务的能力的自我估计、自我认识。孩子在从事某一工作之后，能自我感到是成功的，就会使他的精神需要得到满足，产生一种成功的情绪体验。这种满足和体验会增强孩子的自信心和兴趣，产生再上一层楼的"自我激励"的心理，自信心也就随之产生。这样的心理过程次数一多，孩子

在每一次"成功体验"的激励下，自信心就会不断地得到加强和巩固。

当然，这里的"成功"是相对于孩子来说的，是孩子的自我认识，不一定是绝对意义上的成功，也不是成功有多大。但是，我们不要小看这些相对的小小成功。

这种小小的成功，可能是幼儿园里一次游戏的获胜，可能是小学时在一次跳绳比赛中得奖，也可能是一次课堂提问时得到老师的表扬，还可能是某次六一儿童节美术展览中有自己的作品……

这样的成功经历对成人来说也许是微不足道的，然而对于年幼的孩子来说，却是非常重要的。对于以往在这些方面总是处于落后状态的孩子来说，它会使孩子沉浸在"成功的体验"中，使孩子意识到"原来我也可以做得和别人一样好"，由此起到激发孩子自信心的重要作用，更加相信自己的能力。

一旦孩子建立起自信心，那么这可贵的心理品质就可以帮助他搞好学习，完成学业；长大了也能做好工作，取得不凡的成就。

为了让孩子体验成功的喜悦，作为父母的我们可以给孩子设计一个具体的教育活动。只要这些活动的目标适中可行，目标不宜很大，不宜过

书画阅读作品　张格

高，是孩子经过努力就可以达到的。那么活动结束后，孩子就会体验到成功后的喜悦。

至于活动的具体内容，建议不必一开始就直接是课程学习方面的内容，我们可以从家庭的实际出发，做游戏、讲故事、爬山、画画、吹笛子、拉胡琴、下棋等，都可以作为家庭教育的活动。

有一位智慧母亲，她为了帮助自己的孩子克服自信心不足的缺点，于是，她针对孩子的实际情况设计了使其产生"成功的体验"的活动。由于孩子喜欢画画，就选择画画的活动。孩子画画的水平还比较低，便确定一个较低的目标：争取参加班级内的六一美术展览。于是，这位母亲买了纸、笔、颜料，让孩子去画，并指导孩子画。画好的画贴在墙上，家中来了客人总要观赏一番，夸奖一通。这时孩子就喜滋滋的，沉浸在"成功的体验"之中。渐渐地，孩子的自信心增强了。后来孩子的画先后参加了班级的展览和全县儿童画展，为此孩子非常高兴，自信心完全建立起来，画作越来越好，学习成绩也开始上升。

善于发现孩子的进步，鼓励他

很多父母在教育孩子时，说话方式并不是很妥当，往往无意之中挫伤了孩子的自信心。对于一个人来说，自信心不是一时的激情，而是长期坚持下来的良好心态。很多时候，有的父母抱怨自己的孩子缺乏自信心，但是却不知道是自己抹杀了孩子的自信心。

其实，无论在学习上，还是在生活中，孩子总有做得不好的地方，这是孩子必须要经过的成长过程。但是他一直都在努力，都在进步，也许这些进步是微小的，不像从班级第十名一跃成为第一名那么明显，那么，家长都应给予肯定。对于孩子来说，即便是再小的进步，都是他通过努力取得的。

要知道，任何一种成功都不是一蹴而就的，而是由点滴的进步累积起来的。聪明的家长会选择每天进步一点点的方式来鼓励孩子。如果每天进步一点点，几个月下来，就会是长足的进步。孩子每天都在进步，只是我们常常对他要求太高，眼光也过高只看到大进步，看不到小进步。当我们静下心来，把孩子近期与之前的表现做一下对比，就会发现，孩子几乎每天都在进步。如果我们不肯定孩子的点滴进步，不鼓励他，就是不认可他所付出的努力，而他很可能会因此变得消极，甚至会放弃努力。

很多时候，我们总是把自己的孩子跟别人家的孩子做比较，总觉得自己的孩子不如别人家的孩子优秀，只能看到别人家的孩子在进步，却看不到自己的孩子在进步。

孩子需要在比较中获得前进的动力和信心，但不是拿他和别人比，而是与自己进行比较，拿他的今天与昨天比较。只要有所进步，就要有所肯定。

总之，我们平时要细心观察孩子，捕捉他身上的优点，发现他的点滴进步，尤其是在他表现不太理想的时候，更要善于发现他的每一点进步，哪怕是一点点，也要鼓励他，增强他的自信心。

鼓励孩子要敢于尝试

现在有一些父母都不同程度地在打击孩子的自信心。有的孩子说，要去实现一个目标，但是父母却拿孩子过去的失败来说事，搞得他失败的阴影挥之不去。孩子再也没有勇气做什么事情了。

很多父母都很担心孩子会碰壁，所以往往剥夺孩子尝试的机会。很多时候，父母都不给孩子尝试的机会，她们往往喜欢以过来人的姿态去说话，从而阻挠孩子做出尝试。

有人说：西方家长"鼓励创新"，而中国家长往往"满足于克隆"。前者鼓励孩子去超越前人，后者教导孩子在前人面前止步。西方家长相信孩子具有同成人一样的独立研究、独立动手的能力，能以宽容的心态去营造一个利于培养孩子创造力的环境和氛围。他们对孩子所做的种种探索行为往往持积极、肯定的态度，鼓励孩子提出不同的见解，并对其中的疑问进行积极地探索。即使家长认为孩子的某一行为并不具有积极的效果，他们也不会过多地干涉，而是让孩子在自己进行的探索中逐渐认识到自己的问题，并予以纠正。而中国家长对孩子的探索活动大部分是持否定态度的。他们往往把孩子自己进行的"探索活动"视作"胡闹"而加以制止。例如美国孩子拆了家里的闹钟，若能装回，多数家长会称赞孩子，若是装不回，许多家长会与孩子一道把闹钟装上，甚至鼓励孩子再拆、重装一次。但中国孩子若拆了家里的闹钟，就算自己能装回，恐怕也没几个敢告诉家长的。孩子往往在家长的严格管教下被熄灭了创造性的火花。

在培养孩子创新意识的同时，要引导孩子正视失败。磨砺是成功的"钙"，是不可或缺的精神营养。培养孩子从容、坚毅的品格，能为他的未来提供有力的支点。

其实，对于成长期间的孩子来说，碰壁并不是件坏事。很多事情，都是需要经过实践了，才知道该怎样做。要是孩子的事情都是父母包办，那么孩子就不可能有实践的机会。对于一个人来说，碰壁越早，越是好事。任何人的一生中都不可能一帆风顺，碰壁是不可能避免的。如果家长刻意帮助孩子回避了一些挫折，那么将来对孩子来说，会面对更大的挫折。

孩子在成长之中碰壁，表面看起来是一种失败的教训，实际上是一个不断学习、不断探索的过程。只有碰壁了，孩子才会思考会什么会这样，我错在哪里？这样孩子就会总结经验，下次就不会碰壁了。

实际上，要是父母刻意不让孩子经历挫折教育，这就等于把孩子害

了。没有经历挫折的孩子，就像温室里的花朵，经不起风雨。"自古雄才多磨难"，不经历风雨怎能见彩虹。让孩子面对困难能够保持一个乐观、积极的人生态度，对孩子来说非常重要。

挫折教育有利于孩子的成长。当孩子们的要求遭到拒绝时，他们的反应：哭得那么委屈，甚至乱发脾气。这些挫折让他明白：哪怕是最亲的人，也不能满足他所有的要求。

事实上，人生不可能一帆风顺，挫折在所难免。孩子也是如此。因此，孩子遇到挫折时，就让他去承受这个挫折，而不是刻意去帮助孩子逃避。这样的话，当他有一天真正遇到什么挫折时，就知道如何去承受。

上述几种方法，都是帮助孩子建立自信心的好方法，作为父母的我们可以去尝试。但是要有耐心，因为自信心的建立不是一朝一夕的，不是一两次的成功体验、一天两天的夸奖和鼓励，就能让孩子建立起牢固的自信心。不过，如果我们坚持良好的方式方法，孩子的自信心就会不断增强。

书画阅读作品 优秀奖 邱玉明

第三章

管好家，理好财

现代生活，离不开理财。理财是对家庭经济的保证，也是对家庭收入的慎重对待。学会理财，确保家庭财务安全，家庭才能和谐安稳、幸福美满。

理财就是理生活

生活是美好的，经济状况不应该成为我们享受美好生活的绊脚石，而应成为我们生活中的一股助力。所以，我们都希望优化自己的经济状况，这就要求我们要对金钱有正确的认识，对理财、对投资要有清晰的意识。

 金钱很重要

对于金钱，女性朋友们的认识各有不同。有的女性认为，金钱是万能的，能够解决一切问题，这显然是很荒谬的。但是我们在批评金钱万能论的同时一定要认识到：利用金钱我们能获得更好的机会以实现梦想，结

识更多的朋友，游览风景秀丽的地方和拥有更强大的影响力。认清这一点，对于女性朋友来说是很重要的。

金钱能够帮助女性独立起来。经济独立才算是真正的独立。女性只有在经济上独立，才能实现人格独立。

一些收入不高的工薪族女性往往认为，理财是有钱人的专利，我不是有钱人，每月固定的工资收入只能应付日常的生活开销，根本没有余钱可理。

事实上，在芸芸众生之中，真正的有钱人毕竟是少数，而投资理财则是与生活休戚相关的事，即使不是有钱人，我们也无法逃避，甚至越是没钱才越需要理财，因为即使我们积攒那点钱微不足道，也有可能集腋成裘，运用得好更可能是翻身契机，关键是我们自己对待金钱的态度如何。

一个经济独立的女性，在丈夫、孩子、父母与亲朋面前都抬得起头来。因为有了足够的经济实力，我们才能过我们想要生活，我们才能做我们想做的事情。女性争取经济独立的目的，其实不是在争强好胜，而是让自己成为生活的主导者。

拥有金钱，我们能更好地表达自己，按照自己的意愿生活，实现我们的人生理想。

人人都要学会理财

泰森是拳击高手，也是赚钱的机器。据有关资料的统计，泰森在自己20年的拳击生涯中，用一双铁拳为自己赢得了3亿～5亿美元的巨额财富。但是这位身价数亿的昔日拳王却在2003年向法院提出破产申请。原来，20年努力赚得的财富在几年之内就被他挥霍一空了。这说明，一个人只会赚钱，不会理财，难以实现财务自由。

不管钱多钱少，人人都需要理财。因为理财的关键不在于我们能赚多少，而是我们能在多大程度上照看好自己的钱，不让它们不知不觉地从指缝中漏出去。"不积跬步，无以至千里；不积小流，无以成江海。"永远不要认为自己无财可理，只要我们有经济收入就应该尝试理财，必然会得到丰厚的回报。

不管现在是穷是富，都要有理财的意识。穷人不理财，十年之后还是穷人；富人不理财，几年之后家产可能会败光。所以，人人都要学会理财。

理好家庭财务

在经济日益发展的现代生活中，为了提高自己的生活水准或达到人生的目标，我们谁都离不开理财。尤其是对于手握家庭经济大权的女性朋友来说，理财更是管理家庭的一门必修课——从容地应对通货膨胀、有效地解决资金问题、淡定地实现财务自由，做一位理财俏佳人。

书画阅读作品　刘艳华

对于每一个家庭来说，家庭理财的重要性不言而喻。同样多的钱，有的家庭月月钱财见底，成为"月光族"；而有的家庭却富足有余，就好比"阳光族"，金钱的亮光永远使家庭充满阳光。这就是理财带来的结果。家庭理财可以把有限的资金充分利用，转换成无穷的能量，让每个家庭成员都能够乐享其中。

俗话说："你不理财，财不理你。"因此，聪明的女性不能再对理财漠不关心，我们应趁早接受正确的理财观念，不断提高自己的理财能力。这样，我们才能由穷到富或富上加富。

所以，女性朋友们开始学会理财吧，这将是你生活的聪明选择和未来的有力物质保障。

所谓家庭理财，就是管理家庭的财富，提高财富的经济效能。简单地说，家庭理财就是赚钱、省钱、花钱之道。

家庭理财的根本目的就是家庭财产保值增值，或者叫做家庭财富最大化。更进一步说，追求家庭共同的财富，就是追求经营家庭的成功，追求家庭目标的不断实现。所以我们提倡科学的理财，就是要善用钱财，使家庭财务状况处于最佳状态，满足各层次、各阶段的需求，从而让家人都拥有一个富足的人生。

作为女性，我们应不断学习与实践，以提高自己的理财能力，做自己财富的主人。

目前，女性在家庭理财方面面临许多选择与挑战，要将家庭理财规划做好，在日常生活中应该培养一些理财的好习惯。

（1）养成记账的好习惯。女性朋友们平时要做好资产状况和支出分析，对自己家庭目前的资产状况、收支状况要有一个清楚的认识。在这个基础上，养成记账的好习惯。也许有不少女性会认为记账是完全没有必要的，该花的不是还要花吗？其实不然。在日常生活中有很多钱都是不该花

的。究竟什么是不该花的，这就需要我们经常分析账本，分析家庭开支中的成分，哪些是必要消费，哪些是盲目消费，从而了解自己家庭资金的流向，看看有什么钱是该花的，有什么钱是不该花的。继而在日常生活中保证必要消费，降低不必要的消费支出。

（2）养成节俭的习惯。老百姓口中有一句很朴素的话："省下的就是挣下的。"的确，节约就是财富。李嘉诚、洛克菲勒、巴菲特有钱吧，可他们在日常生活方面也非常节俭。可见，节俭和钱多少无关，它是一种生活习惯，也是一种理财习惯。也许有不少人会说，钱是省不下来的，总有花钱的地方。其实这是借口，很多时候只要我们控制一下，总是会有节俭空间。比如，是否可以少打一次车，是否可以少到外面吃一顿饭……长期坚持就能省下一笔小钱，积少成多，就会成为大钱。

（3）计划消费的习惯。不少人挣钱不少而没有存款。究其原因就是盲目消费，看见什么买什么，没有养成计划消费的习惯。关于计划消费，有效的方法可以是这样的：每次去超市购物之前，把想买的东西都写在单子上，不在单子上的东西坚决不买，这样就可以省下很多不必要的钱。如果想买一件不在单子上的东西，买之前，可以站在商品前面数10个数，然后再问自己是否还是要买，十有八九，就会省下这笔不该花的钱。对于工薪族来说，没有意外之财，只有通过自己好的消费习惯攒下钱，有了余钱才能做进一步的财务规划。

（4）学习理财知识。在进行理财前，学习理财知识最重要。为了做到理性投资，要对所投资的产品及产品内涵进行综合分析，避免投资不当出现严重负债。当前，社会上出现了很多关于投资诈骗的现象，比如购买树林、名家名画、古董等，骗子们都许诺给投资人每年丰厚的利润，如果有了理财知识就不会上当受骗。

（5）投资的习惯。处处留心皆投资，女性朋友们要选择适合自己的投资方式。现在投资的渠道比以前多了，但多数女性往往在投资上喜欢从众。但是各家都有各家的特点，我们要因地制宜，结合实际情况，选择好的投资产品，不可盲目效仿他人。如果你希望投资某种金融产品，首先还是要了解它的风险，然后根据自己的财务状况和承受能力选择适合自己的理财产品。在财富增长的同时，保证你的风险在可控范围内。买债券是投资，买基金是投资，买房子是投资，买保险也是投资，等等。凡事只要以投资的心态对待，久而久之就会形成投资的习惯。

除养成上述良好理财习惯外，我们还要为自己和家庭做好风险保障。风险保障在今天对任何人都格外重要。人类社会在自身进步和发展的同时，也创造和发展了风险。尤其是当代各种高科技的发展和应用，人们生活方式的改变，使风险的种类和概率大大增加。没有人能说，我的一生不会有意外。一个人再有能力，有两件事是他无法预测和把控的，就是疾病和意外。保险是现代社会我们抵御风险、保障财务安全最基本最有力的工具。对个人和家庭来说，仅仅依靠国家提供的社会保障是远远不够的，还需要自己及时做好保障规划，这是理性的现代人的基本素质之一。

理财不是一朝一夕的事情，树立理财观念后，就要进行规划，着手实行，坚持下去，一定能早日实现财务自由。

制订合理的个人理财计划

　　人生需要规划，理财当然也需要计划。理财切忌盲目跟从或毫无计划，不论是哪个时期，从事哪种职业，拥有多少财富，都应该要有合理的个人理财计划，只有这样我们才能拥有越来越多的财富！否则，东一榔头西一棒子，永远也不会有财务自由的那一天，反而会一直入不敷出！所以说，理财一定要制订好个人理财计划，有步骤地实现财富目标。

　　做任何事都要有自己的目标，否则就是盲目行事。而目标的确立也是个人理财的首要任务，即对实施理财计划指引了明确的方向。通常情况下，理财目标可分为三个阶段：短期、中期、长期。短期目标，比如你要买台电视机，要去海边度假，一年内就可以完成；中期目标，比如你要在几年内攒足够的钱支付购房首付，要为孩子攒钱支付上大学费用，这些目标可能需要5～10年来完成；长期目标，比如你计划退休后过上高品质的舒适生活，这就需要制订一个数十年的理财计划。

那么，该如何科学合理地设立自己的目标呢？其实，实现理财目标要经历以下三个步骤：

了解自己当下的财务状况

首先要做财务分析，了解自己的财务状况和结构。

一个人的财务状况是其理财计划的重要基础，很多理财决策都是在此基础之上确定的。如果财务状况不明，就无法对自己的财产做出合理有效的分配。对自己或家庭的财务现状进行分析，了解自己的财务状况，是理财过程中一个非常重要的步骤。在此基础上，做出调整财务结构的计划。

建立起自己的财务报表，通过它来了解自己的财务状况。这能够帮我们有效地梳理个人或家庭的收入支出和资产负债情况，让我们对自身的财务状况一目了然。至于具体应怎样分析了解自己的财务状况，以下5个财务指标可供我们参考：

（1）负债比率。这是个人负债总额与个人总资产的比值，是衡量个人财务状况是否良好的重要指标。其计算公式为：

负债比率=负债总额/总资产

若想自己的财政状况不出现危机，那么，我们负债比率的数值就需要小于0.5，这样才能防止流动资金不足导致的财务问题。

（2）个人偿付比率。偿付比率是净资产和总资产的比值，反映的是个人财务结构的合理与否。其计算公式为：

偿付比率=净资产/总资产

通常，偿付比例的数值变化应控制在0～1之间，以0.5最为适宜。太

高太低都不稳定，如果太高就说明自身没有将个人的信用额度充分利用起来；太低则说明我们的生活很可能是在靠借债来维持。

（3）负债收入比率。负债收入比率是指到期需支付的债务本息与自身同期收入的比值，它衡量了一定时期内我们的财务状况是否良好。其计算公式为：

负债收入比率=每年偿债额/税前年收入

一般负债收入的比率应该控制在0.5以下较为安全。如果比值过高，那么，我们在进行借贷融资时就会出现一定的困难，银行很可能不会把钱借给我们。

（4）流动性比率。流动资产由现金、银行存款、现金等价物及货币市场基金构成，是未发生价值损失条件下可以立即变现的资产，流动性比率反映了你支出能力的强弱。其计算公式为：

流动性比率=流动性资产/每月支出

对于我们而言，流动性资产应该能够满足自身3～6个月的日常开支最好。流动性比率的数值不宜过大，因为流动资产本身的收益通常不高，如果数值过大就会影响我们资产进一步的升值潜力。

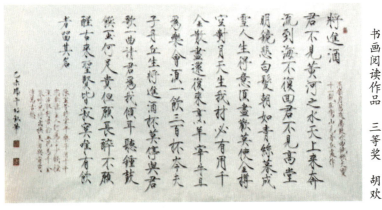

书画阅读作品　三等奖　胡欢

（5）投资与净资产比率。它是个人投资资产与净资产的比值，反映了我们通过自身投资提高净资产的能力。其计算公式为：

投资与净资产比率=投资资产/净资产

投资与净资产比率的数值应该保持在0.5左右比较合适，这个数值既能够让你保持适当的投资收益，又不会将我们推向高风险的边缘，对大多数人而言算是比较适宜的。

通过对自己财务状况的分析，想必我们也已经对自身的财务状况有了一定的了解，也知道怎样的数值对自己是有利的。我们不妨通过有效的理财方式去优化自己的财务现状，把自己的财务导入正轨，这样会带来可观的收益。

设立理财目标

很多女性朋友在理财的时候，往往将愿望和理财目标混为一谈。其实，愿望往往是美好的，但是大部分愿望是不可能实现的，而理财目标则是经过努力后可以实现的内容。比如一位父辈设置的目标，先是盖房子，再是攒钱做生意，然后购买商品房……这一系列目标都是切合实际的。理财专家们分析，无论什么样的目标，都要从自己现有的财务基础和能力出发，理财目标不宜制订得过高，脱离现实的目标根本就没有实现的可能，目标也就不能发挥出它应有的激励作用，反而会挫伤人的积极性。

女性朋友们除了考虑理财目标的现实性外，还应该确立理财目标时还需要长短结合。有时候我们在设想财务目标的时候，往往只考虑比较长远的目标，拥有长远的计划并不是一件坏事情，但是只考虑这些目标往往会让人们感觉到"疲惫"。如果加入一些短期目标，则可以让我们多一份成功的喜悦，也减少了实现长期目标的焦躁感。

🍂 实现目标

确立自己的目标很重要，但是更重要的是找到实现目标的途径，竭尽全力地付诸实施。有时候，生活中会忽然出现意外的情况，比如工作岗位变动、家庭收入减少、生意出现变故等，这些意外情况都可能会影响你的执行力。事实上，不少人就是在出现意外情况时，放弃了对理财目标的坚持。所以，在必要的时候，我们要强迫自己去实行为自己设立的理财目标，这样才能够产生积极的作用，甚至获得意想不到的效果。

女性朋友们需要注意的是，最好能使目标具体化，比如什么时间达到什么目标，越清晰的目标就越容易找到自己努力的方向和动力，从而使得目标的实现更具可行性与操作性。需要说明的是，理财目标明确后并非一成不变，而应随着家庭状况的变化合理调整。

做任何事都要有目标，有计划，一步一步来，这样才能既不会因之后发生的小诱惑偏离了主要方向，也不会因为稍有不顺就放弃了目标。理财也是一个道理，要提前计划，确定自己的目标，然后逐步往那个方向走，最终会实现目标。

书画阅读作品　廖礼君

理性消费，避免冲动购物

女性朋友天生爱购物，回想一下我们谁没有过冲动购物的经历呢？贪图便宜、经不住他人诱惑、因急需而变得盲目，甚至是看中了赠品……理由千千万万，但最终都会导致一个结果，那就是：冲动购物。

俗话说：冲动是魔鬼。也有人说："冲动是小偷，它会在你不知不觉的情况下，偷空你的钱包。"

"冲动是小偷"，这个比喻很有道理。想想我们每次出去购物，是不是都在冲动的情况下，把钱包里的钱花得一干二净呢？而这些冲动购买来的物品，并不是我们生活中真正需要的。

是什么导致我们冲动购物呢？无非就是这个时代的诱惑太多了，不是广告商在大力宣传其产品的好处，就是邻居们在炫耀他们新买的玩意

儿，等等。而我们大都又是喜欢攀比的，常常经不起诱惑，就会一时冲动而造成盲目消费。我们很多时候拿钱不当钱花，常常让冲动这个"小偷"把我们的钱包偷空。

会花钱，也是一种赚钱能力

花钱是一门艺术，收入再多，乱花钱也会成为"月光族"；收入不多，会花钱，也可以生活富裕。真正智慧的女人，会把钱花在刀刃上，节约不必要的花费，让每一分钱都能在生活中发挥恰到好处的作用，过上满意的生活，实现幸福的人生。

世界上最会赚钱的人，无不是最会花钱的人。那么，究竟怎样花钱才算得上会花钱呢？

首先，花出去的钱应该能带来收益。就拿买车来说，如果你生意需要，买车不是坏事，车子的方便和快速会给你带来很大的收益；相反，如果并没有很大的需要，买车要花钱，车养护要花钱，正应了一句话"自从有了车兜里的钱越来越少"。要知道，这每一笔的支出都是你辛辛苦苦赚来的。通过花钱带来收益的人，才算是会花钱。

其次，把钱花在某种必需的事情上。

书画阅读作品　赵裕青

很多女性朋友大手大脚消费后，仍然豪气万丈地说：这点钱算什么，只要花得开心就好。其实花得多并不等于花得开心，花得开心也不等于你获得了最大的满足感。会花钱的人绝对不会没有想法地乱花钱，而是花相同的钱，能够体会到更大的满足感。把钱花在某种必需的事情上的人，才算是会花钱。

会花钱不是对金钱的浪费，而是另一种赚钱的能力。

做好预算，把钱花在需要的地方

相信很多朋友，尤其是女性朋友，都有过相同的经历或感觉，就是一进商场、超市总要买点儿东西出来，如果从无购物通道出来自己就不舒服，好像欠了商家什么似的，自己脸上多少有些不自在。而在购物的过程中，没有计划性，由着自己的性子、癖好来。喜欢的，买；折扣大、价格低的，买；有赠品的，买；有优惠券的，买……结果买了很多东西都是可买可不买的，要么就是根本用不着的，还有的买前怎么都看着好，买后怎么看都不好，结果扔到一边弃之不用了。

购物消费要理性，不能别人一忽悠就把钱花出去了。过生活，我们要学会克制自己的购物欲望，冲动消费除了事后让自己后悔不迭，不能给自己带来任何好处。

在商界，商家都有这样一种说法："孩子和女人的钱是最容易赚的。"女人喜爱打扮，衣服、化妆品以及精美的手袋、背包，无一不是追随着时代的潮流。因此，女人花钱总是比男人多。而精明的商家们也总会变着花样来推销自己的产品，吸引女人消费。

在商场推销员巧舌如簧的攻势下，女人们总是不由自主地买下一件又一件自己并不十分需要的服装，买下一件又一件家里不太需要的物品。

正所谓，"女人们的衣柜永远都少一件衣服"，不是真的少了衣服，而是女人们的心永远都不满足，而在觉得自己总少衣服的同时，衣柜里却存留了一大批很少穿甚至一次都没穿过的衣服。

一个聪明的女人懂得"按需花费"，分清什么是"需要"与什么是"想要"。

女人最常说的话之一就是"我想要……"对于自己看中的东西，不管是衣服、首饰、娱乐品还是其他，就摆出一副非拿到手不可的架势。然而，当真的把这些东西买回来的时候，却发现有些东西并不实用，有些东西也不适合自己，最后不是被束之高阁就是转送他人。这些消费都是没有意义的，要改变这种状况，可以尝试以下几种办法。

首先，尽量避免单独一个人购物。已婚女士最好拉上丈夫，让男人给你中肯的评价，让他帮助你冷静你的大脑、抑制购物的冲动；而单身女士，最好拉上和你关系比较好的，说话比较直爽的闺蜜，让她们来督促你。

其次，在购物之前，写好购物清单，做好预算。弄清自己想买什么再去商场。到超市按单购物，不要被那些低折扣、有赠品的商品和优惠活动所迷惑。这样既可以避免漏买东西，又可以避免盲目购买东西。

再次，养成记账的习惯。定期查询自己的银行账户，了解每一笔钱的来往状况，时时提醒自己要开源节流，把花销控制在最合理的范围内。好习惯一旦养成，有计划地花钱就成了自然而然的事了。

最后，带有限的现金，绝不带卡，这也是最有效的办法。

现在人们的钱包中往往有好几张银行卡、信用卡，到超市购物都刷卡。几十元也是轻轻一刷，成百上千也是轻轻一刷，程序上没什么两样，花钱没有感觉，好像不是在花自己的钱，不知不觉中就会使我们的消费超出预算，甚至将卡刷爆。而用现金消费的感觉和刷卡消费完全不同，看着那么多的钞票被花出去当然会有一种心疼的感觉，不由自主也会舍弃一些不必要的消费。这样做，可以很好地限制我们的购物欲望，避免冲动地盲目购物。

信用卡的确给人们带来了许多方便，但也让许多人进了信用卡的陷阱。一项消费行为的调查报告发现，对于习惯逛街购物的人，尤其是购物狂来说，使用信用卡消费会比使用现金消费多出两成左右的开销。能尽量花现金就别刷卡，刷卡消费没痛感，潇洒久了，会养成胡乱购物的坏习惯。

如果我们是一个进入商场就会变成购物狂的女人的话，不妨用现金付账来约束一下自己。花钱让你心疼，无疑会控制你愿意花钱的坏习惯。

总之，不要盲目消费，要做一个内外兼顾的智慧女性，做好预算，把钱花在需要的地方。

千万不要负债消费

女性朋友们，为了理性消费，不乱花钱，我们可以建立一个账户（命名为"快乐账户"），每月存入少量资金，但这个账户里的资金专款专用，只用于奖励自己。同时要记住：当我们想满足一个愿望，奖励一下自己时，所花费的资金额度不能超出"快乐账户"的资金额度。假如你有了一个愿望，但快乐账户上的钱不足够实现你的愿望，那么就请你再耐心等待几个月。请你只购买在能力范围内的东西，千万不要为了个人所需而提前消费、负债消费。

这样做有两点好处：一是我们不能提前奖励自己，而是要等到自己真正"应得"这个奖励的时候。这样我们将保持持久的动力，因为一个人提前获得了奖励，那么也就无需那么努力了。二是通过这种约束能够限制

我们冲动消费，避免负债消费。一个人为昨天的支出而工作一点乐趣也没有，因为我们只是为过去而工作；反之，如果我们没有任何消费债务，为自己的目标而工作就会有足够的乐趣。

当然，让一个人等待一件非常想要的东西不是件易事，尤其是当我们只需借助信用卡就可以买到这件东西时。不管这件东西是件衣服还是一套化妆品，都会刺激我们的欲望，但借助信用卡这种做法是十分危险的，这容易使我们陷入债务危机。因此，我们应理性消费，千万不要负债消费。

消费是一种行为方式、一种生活态度，也是一种价值取向。女性朋友要学会理性消费，要学会如何把手中的每一分钱花在刀刃上。其实，生活中处处存在着省钱的小窍门。比如，选择"优惠期"购物，冬衣夏买，夏衣秋买；旅游的时候刻意避开黄金周；买飞机票选择淡季订购。除此之外，看电影、唱卡拉OK都有优惠时段，许多体育运动场所也适时推出了优惠时段消费，像是保龄球、室内攀岩、室内游泳，在不同的时段打出的价格也是不一样的。如果时间安排得过来，充分利用时段的优惠，玩得一样精彩，还能省下钱。

书画阅读作品 优秀奖 张格

强制储蓄，积攒小钱

"不积跬步，无以至千里；不积小流，无以成江海。"时间就是小钱的放大器，日积月累，这些小钱也变成了大钱。其实"不怕积攒少，就怕不积攒"，哪怕是每天、每月、每年只积攒一点点，也比做"月光族"要好得多。

也许很多女性朋友会认为，"钱是挣来的，不是攒来的"。这话似乎有些道理，但只说对了一半。能挣钱固然重要，但也要能攒钱。否则，我们难以实现财务自由。

不要轻视小钱，没有小钱的积累，就不会有所谓的大钱。所以，现在就要改掉轻视小钱的观念。

积攒小钱，要有耐心，天长日久，才会成大钱。同时也要积极地开

源节流，这样才能越积越多，越过越富。

别让小钱从你的指缝间溜走

日常生活中，如果我们少花一元钱，就相当于多挣到一元钱，而少花一元钱要比挣到一元钱容易得多。因此，女性朋友应养成从细节之处理性消费的好习惯，别让钱从你的指缝间溜走。

尝试做到以下几点，也许会为你挡住指缝间溜掉的钱。

（1）不要随便花小钱。大钱都是由小钱组成的。百万元是一元一元叠起来的。除非你有意外之财。否则，还是按照传统的办法：聚沙成塔、集腋成裘更为现实一些。我们来算一笔小账，假如因为今天起床晚了，只好打出租车上班，一个月有5次的话，每次30元钱，总共150元。实际上一个月150元确实不多，但是不要忘记了，你每个月花的小钱可绝不是打出租车上班这一项。比如每个月你可能还要有5次是因为懒得做饭而在餐馆吃，这样，一次80元的话，就要有400元。如果再有类似的小事情花上两个200元的话，加起来就有950元，如果每个月你的薪水是3000元的话，950元已是你薪水的1/3了，相信你不会认为这是个小数目了。

（2）不要破坏已制订的消费计划。每个女人可能都有过这样的经历，看到漂亮的衣服或者装饰品，就爱不释手，虽然这个月已花了不少钱，知道不应该再买了，但是，你会对自己说："这件衣服实在太漂亮了，如果不买的话，下次就不会遇到这么适合自己的衣服了"、"我可以从吃饭的钱中省下这笔钱"、"只买这一次，下不为例"。

实际上这笔花费数目不一定太大，但是如果已制订了消费计划，而不执行的话，你会越花越多，钱自然而然就会从你的手指缝间溜掉。

（3）当家方知柴米贵。一般来说，女性朋友们掌管家里的财务大权。但也有许多女性是甩手掌柜，对家里的财务状况一概不管。俗话说：不当家，不知柴米贵。做女主人的你，就当一回家。当了家，就会心疼起钱来。

（4）每个月都固定存上一笔钱。这是一个许多人和家庭都采取的好办法。它不在于钱存多存少，只要存就好。这样一年下来就是一笔不小的数目。

实施这个方法的关键是一定要坚持每月都存。除非遇有特殊情况，正常情况都要坚持。

（5）发工资一周内最好不要逛街。在发工资的最初几天，女性朋友们往往都爱往商场里钻。这绝不夸张，兜里一鼓，女人们往往会控制不住自己的购物欲。要学会延迟消费。试试看，如果把你的购物想法延迟一两个月，你会出现什么情况？聪明的你，手中总是握着大把的钞票，那时，你心里的感觉真的会不一样啦！

（6）把零钱收拾好。每次换衣服、洗衣服、整理屋子的时候，你都会收拾出一些零钱，少了这些或多了这些都对你的日常生活没什么影响，把这些零钱集中在一个盒子里，月底清点一下，也许会有几百元左右。别嫌麻烦，全数存入银行，不知不觉就积累了一笔不大不小的钱，那时候这钱就像是天上掉下来似的了。

养成强制储蓄的好习惯

花钱易，挣钱难。究竟如何理财，才能实现聚沙成塔的理财目标？理财专家建议，女性朋友们理财应从强制储蓄开始。

曾看过这样一个故事：

　　古时候有一个妇人，她每天煮饭时总是从锅里先抓一把米出来，放到一个备用的米缸中，然后再煮饭。邻居们都讥笑她的这种吝啬行为，但她却不以为然，依旧如此。不久后，这个地方发生了旱灾，地里的粮食颗粒无收，很多人都因为没有饭吃被迫背井离乡，讨饭度日；而这位妇人家里因为有了这个备用的米缸，熬过了饥荒。

　　故事中的这个巧妇显然是一个理财能手。这个故事告诉我们，不管你现在收入是多少，理财其实就是强迫自己储蓄，做到"积蓄备荒"，实现一生无忧。

　　俗话说，一天省一口，一年省一斗。所以，女性朋友们千万不要小看储蓄，每个月从工资里拿出一部分钱，存在定期账户里，积少成多，在将来会是一笔可观的数字，这是你将来做大事的本钱，所以不能马虎，一

书画阅读作品　优秀奖　沈秋媛

定要养成强制储蓄的好习惯。

相信我们很多人都有过这样的体验，一开始信誓旦旦制订了储蓄计划，但执行一段时间后就会经常忘记计划，且当钱存到一定数量、遇到诱惑的时候，心里总会想着去动用这笔钱——"用掉一点没关系，下次补上。"结果总是无法完成存钱计划。

对存款感兴趣的女性朋友，不妨对自己实行一下强制储蓄。可以制订如下"三年定期储蓄计划"。

第一年，每个月拿到薪水，先取一部分当作日常消费（参考以前消费金额），其余的全部存入定期账户。有时即便数额较小，也坚决存一年定期。一年下来，便有了12张定期一年的存单。

第二年，依然执行节约政策。所不同的是，每个月你都有到期的存单可以支取。每个月的薪水收入加上到期的存单，你会感到好像加了薪一般，虽然数目不大，但很开心！这一年仍然还是12张存单，但每一张的数额应适当增加。

第三年，继续坚持你的12张存单法，当有到期的存单了，可以改存三年期的。

等你"三年定期储蓄计划"到期了，你就有本钱开始下一步的理财计划了。

对于80后年轻女性朋友们来说，很多人面临的情况都是相似的：收入不错，开销不小；目标很多，储蓄很少。但是我们要明白一件事情：不管收入多少，只要强制储蓄，坚持下来就会有自己的本钱。储蓄就像一枚鸡蛋，可以孵鸡，鸡再生蛋，如此无穷尽地循环下去。储蓄又像春天里播下的稻谷，让我们在秋天收获满仓的粮食。俗话说：小钱是大钱的祖宗。重视小钱，才会有大钱。

如果说强制储蓄才能积少成多，那么，在众多的储蓄方式中怎样组

合才能更划算呢?

把钱存进银行的主要目的就是攒钱,因此存钱首先要考虑的就是方便性。日常的生活费、零用钱,由于要随时支取,最适合选择活期存款,而且日常开支较有规律,活期存款的数额较容易确定。剩余的钱就应当选择"零存整取"的存款办法。这样才能积零成整,积少成多。

如果你最近要用一笔钱,但又不能确定什么时候用,可选择"定活两便"的存款办法。既可随用随取,利息也比活期存款高。如果你有一笔钱在较长时间内不会用,便可考虑"整存整取",以获得较高的利息。存款期限越长,其利息就越高。

这些方法是很老的储蓄方法,不过很实用。现在社会进步了,新的存款方式越来越多。下面介绍几种新的储蓄方式,供女性朋友们参考。

(1)"四份法"定存。"四份法",又叫"阶梯存储法",这种储蓄方法可以使到期额像阶梯一样保持均衡。假如你以这种方式存入10万元,其中4万元为活期,其余6万元按定期一年、定期两年、定期三年各存2万元。一年后,将到期的2万元再存三年期,两年后,将到期的2万元再存三年期,三年后你持有的存单将全部为三年期,只是到期年限相差一年而已。这种储蓄方法除了能获取较高的利息外,还能及时应对存款利率的调整。

(2)交替储蓄。如果你现在手中有2万元的闲钱,而且这些钱在一年之内没有什么用处的话,你就可以把它们平均分成两份,每份1万元,然后分别存成半年和一年的定期存款;半年后,将到期的这张存单改存为一年期的定存,之后你再将这两张一年期的存单设定为"自动转存",这样每半年你就会有一张一年期的存单到期可取。

(3)利滚利储蓄法。这种方法不仅可以攒钱,还可以让你获得一笔不菲的利息收入,我们经常说的"吃利息"就是这种储蓄法。这种储蓄法的具体做法是：将现金存成存本取息的形式，一个月后，取出这笔存款第一个月的利息，然后再开设一个"零存整取"的账户，把取出的利息存在里面，以后所取出的利息全部存在这个账户里，以备零用。

（4）分份儿储蓄。这种方法适用于在一年内有用钱的打算，但目前还不能确定何时使用及使用金额的情况。例如，假如目前你有2万元现金，你可以将它分成2000元、4000元、6000元、8000元不等额度的4份，然后将这4份现金都存成一年期的定期存款。一年之内，不管我什么时候需要用钱，都可以支取最接近你所需额度的那张存单。这种存款方法不仅可以满足储户随时用钱的需要，还能最大限度地获取利息收入。

（5）接力储蓄。这种储蓄方式是完全能够代替活期储蓄的一种定期储蓄方法。如果你每个月都会存1000元的活期存款，那么你可以选择将这1000元存成三个月的定期，并且坚持连续存三个月，也就是每个月都存一笔1000元的定期。这样，在第四个月的时候，你的第一个定期存单就会到期，而且此后每个月你都会有一笔三个月的定期存款到期。这种储蓄方式不仅不会影响到我们日常的用钱需求，还能让我们取得比活期储蓄更高的利息收入。

理财不能懒，储蓄不能嫌费事儿，理财也不能时时都图方便省事。省心省事了，怕就不那么"生钱"了。

女性朋友们要紧跟时代步伐，多学学，多问问，一定要结合自身的情况，选择好的储蓄方式，可以组合，可以交替，采取多种形式，实现收益最大化。

建立4个账户，确保家庭财务结构安全

标准普尔为全球最具影响力的信用评级机构，标普曾调研全球十万个资产稳健增长的家庭，分析总结出他们的家庭理财方式，从而得到"标普家庭资产象限图"（下图），被公认为最合理稳健的家庭资产分配方式。

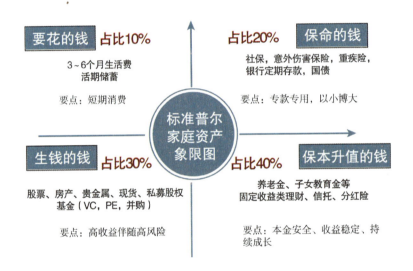

"标准普尔家庭资产象限图"把家庭资产分成4个账户，这4个账户作用不同，所以资金的投资渠道也各不相同。女性朋友们只要拥有这4个账户，并按照固定合理的比例进行分配，那就能保证家庭财务结构安全。

第一个账户是日常开销账户，也就是要花的钱，一般占家庭资产的10%，为家庭3～6个月的生活费。一般放在活期储蓄的银行卡中。这个账户保障家庭的短期开销，日常生活，买衣服、美容、旅游等都应该从这个账户中支出。

第二个账户是杠杆账户，就是保命的钱，一般占家庭资产的20%，为的是以小搏大。专门解决突发的大额开支。

这个账户保障突发的大额开销，一定要专款专用，保障在家庭成员出现意外事故、重大疾病时，有足够的钱来保命。这个账户主要是意外伤害和重疾保险，因为只有保险才能以小搏大，200元换10万，平时不占用太多钱，用时又有大笔的钱。

第三个账户是投资收益账户，也就是"生钱"的钱。一般占家庭资产的30％。这个账户用有风险的投资为家庭创造高收益的回报，通过自己最擅长的方式投资，包括股票、基金、房产、企业股权等投资。

这个账户关键在于合理的占比，也就是要赚得起也要亏得起，无论盈亏对家庭不能有致命性的打击。

第四个账户是长期收益账户，就是保本升值的钱。一般占家庭资产的40％，为保障家庭成员的养老金、子女教育金、留给子女的钱。一定要用，并需要提前准备的钱。

这个账户为保本升值的钱，一定要保证本金不能有任何损失，并要抵御通货膨胀的侵蚀，虽然收益不一定高，但却是长期稳定的。这个账户最重要的是专属：

（1）不能随意取出使用。

（2）每年或每月有固定的钱进入这个账户，才能积少成多。

（3）要受法律保护，要和企业资产相隔离，不用于抵债。

这4个账户缺一不可，少了任何一个难以确保家庭财务结构安全，所以一定要同时建立。

学会买保险，保障家庭财务安全

　　家庭财务安全，是指个人或家庭对自己的财务现状有充分的信心，认为现有的财富足以应对未来的财务支出和其他生活目标的实现，不会出现大的财务危机。换个角度来说，就是无论在任何不利的情况下，家庭都不会因缺钱而无法维持正常的生活，陷入财务危机。

　　确保家庭财务安全，一是要有稳定的家庭经济收入；二是要合理支出、理性消费；三是要做好风险的转移，即保险保障，这是一个根基。做好了保险保障之后再去做其他的消费安排和投资理财，没有保险保障的投资如同空中楼阁，经不起风吹雨打。

树立正确的保险理财观念

近年来，随着人们防范风险意识的提高，很多女性已经把保险作为自己生活的保障器，也开始通过保险对家庭财务进行规划与理财。但有些女性朋友虽购买了保险，可是由于自己对保险的误解，在通过保险进行理财时，出现了这样和那样的偏差，而不能很好地享受到保险理财所带来的益处。为此，提醒女性朋友应树立正确的保险理财观念，避免误解。

一是不要误以为买分红保险就可以分红。现在，很多人认为购买了分红保险，每年就可以得到红利。其实并非如此。因为保险产品的主要功能是保障，而对于一些投资类保险所持有的投资或分红只是其附带功能。即使是分红保险也不一定会有红利分配，特别是不能保证年年都能分红。分红保险的红利主要来源于保险公司经营分红保险的可分配盈余。其中，保险公司的投资收益是决定分红率的重要因素。一般而言，投资收益率越高，年度分红率也就越高。

二是不要误以为单位购买保险就足够了。有很多单位都为自己的职工购买了保险，因此在这些单位上班的人，会认为单位已经为自己购买了保险，自己如果再买保险那就是一种浪费了。其实，这样的认识在一定程度上存在着偏差。因为一般单位为职工购买的保险都是社会保险，属于强制保险，包括养老、失业、医疗、生育、工伤等，而这些保险所提供的只是能维持保险购买人的最基本生活水平的保障，不能满足他们的家庭风险管理规划和较高质量的生活需求。因此，即使单位为自己买了保险，女性朋友们也还有必要购买自己需要的保险。

三是不要误以为购买保险范围越全越好。对任何一个寻求保障的人而言，总是希望保险责任越全面对自己越有利，恨不得所有意外事故都由保险公司负责赔偿，但他们又不知道保险公司是根据所承担责任的大小而

计算保险费的，也就是说，保险责任越全面，需要缴纳的保费就越高。尤其在某些综合性保险合同中，部分保险责任之间互相对立，如果被保险人从一项责任中获得赔付，就不可能从其他责任中获得赔付。

四是不要误以为保险购买金额多多益善。对于特别看重家庭的女性朋友，为了让家庭得到更好的保障，认为"保险购买金额多多益善"。其实，这些想法是不正确的，因为，如果购买越多的保险，同时也就意味着将要缴纳更多的保费。一旦自己的收入减少，难以缴纳高额保费的时候，将面临进退两难的尴尬境地。因此，建议女性朋友在购买保险时要考虑自己的经济承受能力，千万别让保费成为自己的经济负担。

很多女性朋友在选择险种的过程中，存在一个误区，就是往往对投资型险种情有独钟，常常选择的是"高收益，高回报"的险种，而忽视意外险和健康险等具有保障意义的险种。意外险和健康险等是最具有保障意义的险种，由于是消费性险种，因此没有得到应有的重视。于是，不少女性朋友花了钱投保返还型或者投资型险种，当风险来临时，才发现买的保险没有起到保障作用。

因此，建议女性朋友坚持从自身需求出发，购买第一份保单时最好先购买意外险，或者是定期寿险、定期重疾险，经济条件允许也可考虑终

书画阅读作品　三等奖　宋湘珍、郭依芳

身寿险、重疾终身险等。中低收入者重视购买传统人身险的意义尤为重要，可以充分发挥保险在风险出现时"以小搏大"的功能。

此外，女性朋友们还要考虑先满足保额需求，后考虑保费支出。保额通过科学的风险评估和需求分析可以得出，作为必要的保障额度，定得太低会导致保障不够，定得太高又影响我们的财务结构。保费可以根据投保人的实际情况来调整，不同的人生阶段、不同的财务状况、不同的职业类别，可以有不同的选择来安排我们的保费支出。比如，消费型产品（保费低）与返还型产品（保费高）的选择、保费缴纳期限长（年度缴费低）、短（年度缴费高）的选择，通过合理组合均可以达到我们所需的保额。

保险不是赚钱的工具，它只能让我们在遇到风险时获得一定的经济补偿，让我们免遭更大的经济损失而已。对于工薪族来说，保费的缴纳可以采用"双十定律"，即保险额度为家庭年收入的10倍最恰当，总保费支出为收入的10%最适宜。

很多女性朋友在对待保险的态度上有从众心理，受亲朋好友的影响比较大。其实需不需要保险应该根据家庭的实际情况独立判断，亦可向理财规划师请教。

 ## 保险是必需的，但要买合适的

个人商业保险的购买需要考虑的因素比较多，包括家庭财务状况，未来一定时期内家庭要面临的问题和先后顺序，家庭成员的年龄、职业、身体状况，各类保险的功能区分，具体保险产品的条款释义等等，所以，购买保险是专业度比较强的一件事，需要找专业的理财规划师来一起分析、规划。专业的理财规划师会为家庭做一份详细的财务分析，找出家庭的保障缺口，在此基础上合理规划保险产品组合，实现真正以相对少的成

本覆盖家庭的保障需求，当风险发生时真正能解决问题。

买个人保险在险种的选择上应该是先寿险加意外、后健康、再后才是理财（养老、教育金等）；而投保对象上应该是先大人、后小孩，也就是先家庭主要支柱、后家庭其他成员。

之所以要先买意外险而非健康保险，主要是因为意外发生是不可逆的，会直接影响之后的工作与生活，甚至可能造成家庭财务的灾难，是家庭最难以承受之痛。所以，个人在购买保险的时候应该先意外险，然后才是健康险。

买保险另一个重要原则是，先家庭支柱，后其他成员；先大人，后孩子。现在很多家长首先想的是为孩子买保险，却不考虑为家中经济支柱买保险，这其实是个误区。

买保险是为了家庭获得保障，实现财务安全。大人作为家庭的经济支柱，一旦出事，家庭经济就会出现崩塌，甚至无法弥补。因此，首先要以家庭经济支柱为投保对象，以家庭其他成员为保险受益人。也就是说，如果家庭原有经济支柱发生意外，失去收入来源时，巨额保费可以支撑起家庭财务的损失，保证原有生活质量尽量少受损失。

为小孩买保险，首先考虑健康险。因为现在的生活环境和生活方式，健康的风险增加，人的一生中重疾发生率较以往大大增加，家庭成员中任何一个人的重疾医疗费都是家庭的沉重负担，所以，为每个家庭成员包括孩子购买健康险是有必要的。而且为孩子买保险，成本低，享受的保障期长，是非常合适的。

建议买少儿保险要买有豁免条例的保险，即投保人身故、身残或是重疾时，可豁免后续保费而孩子依然享有保障权益。要注意豁免的内容。

总之一句话，保险是必需的，但是买什么保险，就必须以个人或家庭的实际情况出发，总的原则是买合适的保险。

慎重选择理财型保险

理财型保险是国内保险市场近年来出现的不同分类的新险种，都兼具保险保障与投资理财双重功能。目前市场理财保险主要有三类：具体为分红险、万能险和投连险。严格意义上讲，分红险和万能险属于理财类产品，投连险属于投资类产品。

万能险和投连险实际是指投保人投入的资金被分配至保障账户和投资账户。虽然这两个险种的保障账户都不受投资表现影响，但由于万能险承诺了保底收益，保险公司在资金运营中对投资渠道的配置必然更加注重安全。

（1）分红型险。分红型保险是指保险公司将其实际经营成果优于定价假设的盈余，按一定比例向保单持有人进行分配的人寿保险新产品。分红险的主要功能依然是保险，红利分配是分红保险的附属功能。分红保险的红利来源于死利差、利差益和费差益三方面。红利收益具有不确定性，与保险公司的实际经营成果挂钩，上不封顶，但也可能没有红利分配。

（2）投资连结保险（简称"投连险"），是一种融保险保障与投资功能于一体的险种。投连险保单除了提供人寿保险时，其投资单位价格是根据投资账户在当时的投资表现来决定。投连险风险高收益大，远远超过万能险和分红险及市场上的部分基金产品。

（3）万能险是抵御利率波动的利器。所谓万能险，是指可以任意支付保险费以及任意调整死亡保险金给付金额的人寿保险。投保人所交保费被分成两部分：一部分用于保险保障，另一部分用于储蓄投资。

女性朋友们在选择理财型保险时，一定要根据自身的经济状况来选择。谨记：适合自己的，才是最好的！

学会投资，让钱生钱

女性朋友们要想打理好自己的家庭，就得学会怎么管好钱袋子。既要知道节俭，量入为出，又要学会投资，让钱生钱，做一位理财高手。这样才能享受高质量的生活。

会聚财，能让钱生钱的才叫理财高手。这就要求既要学会怎么让自己的本金提高，还要学会投资，用钱生钱。

攒钱不如赚钱。有些女性朋友喜欢把钱存入银行，这固然安全，也有一定的利息可拿。但是，把钱全部存起来，将来可能还会遭遇贬值，反而得不偿失。也就是说财富需要"攒"，但绝不能只依靠"攒"；理财中有"攒"，也绝不能只有"攒"。只靠"攒"，难以致富。所以，在"攒"的同时，我们要想办法"赚"。对工薪族来说，即使把所有的工资收入全攒起来，我们一生能攒多少钱呢？毕竟有限。

所以，若想让银行卡上的数字攀升，我们还应考虑到钱的价值。为了让钱保值或者增值，我们应该拿出一部分钱出来做投资。闲置的资源不能浪费，合理利用，能让钱生钱。所以，一味地攒钱不算是会理财，真正会理财的智慧女性，不仅会把钱花在刀刃上，而且还能让钱生钱。

钱生钱是一种较快的赚钱方式，当然也是风险较大的理财方式。钱生钱的方法有很多，如投资股市、黄金、基金或购买各大银行理财产品，等等。

但是女性朋友们一定要谨记：高利润必然伴随着高风险，不是任何投资都可以稳赚不赔的。所以，投资时需要谨慎思考，郑重选择，要有自己的主见，盲目跟风的风险其实很大，不管是生手还是高手，在考虑投资项目、理财产品的时候都要多方考察、测评，宁可小赚也不要大赔。

投资有风险，入行需谨慎。女性朋友在投资时，应做到以下几点：

克服一夜暴富心理，确保财务结构安全

对于工薪族来说，个人和家庭理财的第一目标不是一夜暴富，而是财务结构安全。经济发展后，人们手里有了余钱，于是社会上掀起了投资理财热潮。很多人一听理财，想的就是"投资、高收益"，其实这是一种误解，对于工薪族来说是财富陷阱。工薪族的家庭和个人理财的第一目标，一定是财务结构安全。在保证财务结构安全的前提下，实现财务的稳健增长。

理财一定要克服一夜暴富的心理。在理财的最初，尤其是对初学理财的人，应以稳健为主。千万不要急功近利，高收益意味着高风险。要弄认清自己将要做的投资类型，在没有把握的情况下，不要盲目投资。

因此，女性朋友们应制订适合自己的理财计划，确保自己的财务结构安全。

（1）20多岁的女性，要投资自己，为以后积累财富做准备。20多岁是刚踏入社会参加工作的年龄，经济能力也相对薄弱。也正因为如此，很多女性朋友认为这个时候就是纯消费时期，没有必要也没有经济能力进行投资理财。有这种想法就错了，这个时候有一项重要的投资就是投资自己。所谓投资自己，主要是指提升自己的工作能力和培养致富能力，为以后积累财富、创造财富做准备。在这个世界上，做任何事都是有赚有赔的，只有投资自己的大脑是只赚不赔的。在信息时代，知识和技能并驾齐驱，如果不能及时更新自己的知识和技能，就是一个落伍者，难以跟上时代的步伐。知识和技能是创富的本领，不具备这些，难以拥有财富人生。

（2）30多岁的女性，要为自己和家人做好风险保障工作。30多岁是消费时期，这一阶段要面临孩子上学、买车、买房等重大消费。当然，这个阶段也是财富快速积累的阶段。当我们手中有了余钱后，该如何投资呢？

首先，应该为自己和家人购买保险，

书画阅读作品

优秀奖　蔡青青

做好风险保障工作。在30多岁时，可以先思考一下之前购买的保险能否满足自己和家人的保障，然后再考虑要不要提高保险额度或者扩大保险保障范围。投资理财，最被大家关注的就是收益，而最容易被大家忽视的是保障。保险虽然不能产生很高的投资回报，但却是必需的。因为投资保险是用现在的钱转移承担未来的风险。有了未来风险保障，我们才能安心去工作，才能安心去投资。

其次，要选择一个合适的投资组合项目。若按财务目标来分，住房资金占据50％，规划养老生活和其他目的各占20％，风险防范为10％。一般来说，这样一种投资组合是比较合适的。对于股票、债券和基金这类投资活动，鼓励积极参与，毕竟这类高风险投资活动能带来高收益，但是一定要谨慎，不可莽撞地进行投资。

（3）40～50岁的女性，应珍惜积蓄，调整投资方向。这个阶段的家庭面临各种各样的压力，上要养老，下要养小，还要养活自己及为养老储备资金。所以，这个阶段的家庭理财首先要珍惜手头上的积蓄，不可莽撞地进行一些投资，尤其是高风险的投资。40多岁的女性和30多岁的女性在投资方向上应有不同，40岁以后要降低风险性较高的股票类产品投资比例，选择多种投资对象来保证未来投资的获利和安全。

（4）50～60岁的女性，控制支出，投资要少而稳。人过50岁，孩子已经长大，个人也到了准备退休的阶段。所以，这个阶段支出逐渐大于收入，因此这个阶段理财首先学会控制支出，投资活动也应该少而稳。年轻时，即便投资失败，也还有机会挽回损失。可到了50岁以后则不同，一旦投资失败，可能会给家庭收支和养老生活带来极大的负担。

谁都想过上富足的生活，没有人喜欢过穷日子。当我们有余钱的时候，可以试着做投资。但是，无论何时我们都要时刻谨记：家庭投资理财要以安全稳健为首要目标，不可莽撞投资。这样才能避免可能遇到的血本

无归的投资风险。

投资股市，但要谨慎

股票属于"高风险、高收益"的投资产品，以10年为期限进行比较，股票收益总是要强于其他任何投资方式。但是，没有人能够向你保证炒股就一定能够赚钱。因为任何一只股票，都有涨有跌，所以炒股有赔有赚是正常现象。所以，我们在炒股之前要做好赔钱的心理准备。下面为女性朋友们介绍一些降低炒股风险的基本规则。

（1）购买股票的第一笔资金最好是我们在一段较长时间内可以承受的闲置资金。股票合理的投资期应为10～15年，因为短期的股价浮动在长时间内可以相互抵消，耐心待在股市中就能获得收益。有许多股民因为承受不了股价下跌，将股票在低位卖出，因此损失了投资资金。

（2）不宜将所有的投资压在一只股票上。经济领域中并非所有行业都经营有方，也并非所有的企业都能保持盈利。股市中，总有一些股票十分被看好，一会儿是房地产，一会儿是金融，过一会儿可能又是航天科技，变化无常。因此，我们在投资时，不宜把所有的资金压在一只股票上，可以分散投资。

这只股票跌了，另一只股票可能涨了；这只股票赔了，那只股票可能赚了。这样，可以降低投资风险。

正确选择各大银行理财产品

这几年，银行理财产品在我国发展势头迅猛，种类繁多，可谓五花八门。面对如此众多的产品，普通小额投资者很难做出正确选择。只有对银行的理财产品有所了解，并做出正确的选择才能真正做到钱生钱。如果说了解各大银行发布的理财产品的概况是前提，那么投资者的正确选择才是做到让钱生钱的关键。

从众多银行的理财产品中挑选适合自己条件的产品，不能盲目跟风，也不要光看字面信息或者宣传文字，要具体深入了解该款理财产品是否真正适合自己。任何投资都有风险，理财专家建议，在面对众多的银行理财产品时，必须弄懂选择的产品的风险类型，应该仔细阅读其风险提示。

另外，国际国内环境也是投资者要考虑的重要因素之一。在各大银行的理财产品的选择上，应该以稳健型的理财产品为主，而且不能只注重理财产品的收益情况，也应该关注其发行机构，一个稳定有信誉的发行机构是理财产品健康发展的前提。

为了实现国家宏观调控的能力，每年或每个特殊时期，政府都会对某个行业有特殊规定。选择投资方向时，只有根据这些规定来选择，才会获得较好的投资收益。因此，我们要把握住投资行业的大方向，根据国家政策变化随时调整投资方向，才会增加赚钱的概率。

赚钱不是一句空话，它靠的是准确独到的判断力。练就这种能力需要早做准备，时刻留心，眼光要放长远。正在理财的女性朋友们，一定要记住，在理财的道路上不仅要理好眼前的财，而且还要照顾好长远的财，这才是最佳的理财之道。在投资理财中，时间是一个非常关键的概念。具备长远的战略眼光，做长线投资，对投资者来说十分重要。

因此，女性朋友们在进行投资时，目光不能狭隘、短促。光顾眼前蝇头小利，将来必定吃亏。

书画阅读作品　三等奖　江洋

第四章

闻书香，阅快乐

雅言传承文明，经典浸润人生。多读书、读好书，可以养心，可以修身，是一件快乐的事情。

阅读，从家庭开始。在倡导全民阅读的当下，家庭是一个重要的起点。

把阅读当成一种生活方式

　　读书，对于一个人的成长进步非常重要。古今中外，凡有成就的人大都是读书爱好者。他们自幼喜爱读书，在读书中获取知识，在知识滋养下增长智慧，不断成长与进步。他们爱书、读书的故事千古流传，激励着一代又一代人去读书、去求索。

　　高尔基"救书"。世界文豪高尔基对书的感情很深，爱书如命。有一次，他的房间失火了，他首先抱起的是书籍，其他的任何东西他都不考虑。为了抢救书籍，他险些被烧伤。他说："书籍一面启示着我的智慧和心灵，一面帮助我在一片烂泥塘里站起来。如果不是书籍的话，我就沉没在这片泥塘里，我就要被愚蠢和下流淹死。"

　　屈原"洞中苦读"。屈原是战国时期楚国人，是我国最早的浪漫主义诗人。他小时候不顾长辈的反对，不论刮风下雨，天寒地冻，都躲到山洞里偷读《诗经》。经过整整三年，他熟读了《诗经》305篇，从这些民歌民谣中吸收了丰富的营养，后来成为一位伟大的爱国主义诗人。

董仲舒"三年不窥园"。董仲舒是汉代著名思想家、哲学家、政治家、教育家。他年少时读书非常刻苦，经常是夜以继日地读书。他的书房紧靠着百花争艳的花园，但他三年没有进过一次花园，甚至连一眼都没看过。后来他被征为博士，公开聚众讲学，弟子遍布四方。

宋濂"守信还书"。宋濂是元末明初文学家、史学家。他从小就喜欢读书，但是家里很穷，也没钱买书，只好向人家借，每次借书，他都讲好期限，按时还书，从不违约，人们也都乐意把书借给他。一次，他借到一本书，越读越爱不释手，便决定把它抄下来。可是还书的期限快到了。他只好连夜抄书。时值隆冬腊月，滴水成冰。他母亲说："孩子，都半夜了，这么寒冷，天亮再抄吧。人家又不是等着看这本书。"宋濂说："不管人家等不等着看，到期限就要还，这是个信用问题。如果说话做事不讲信用，失信于人，怎么可能得到别人的尊重。"

闻一多"醉"书。闻一多是我国现代新月派代表诗人，也是著名学者。他读书成瘾，一看就"醉"。据说在他结婚的那天，洞房里张灯结彩，热闹非凡。清晨，亲朋好友都来登门贺喜，直到迎亲的花轿快到家时，人们还到处找不到新郎。急得大家东寻西找，结果在书房里找到了他。他仍穿着旧袍，手里捧着一本书入了迷。

曹禺澡盆里读书。曹禺是我国现代话剧史上成就非凡的剧作家。抗日战争期间，曹禺在四川江安国立剧专任教。一年夏天，有一次曹禺的家属准备了澡盆和热水，要他去洗澡，此时曹禺正在看书，爱不释手，一推再推，最后在家属的再三催促下，他才一手拿着毛巾，一手拿着书步入内室。一个钟头过去了，未见人出来，房内不时传出稀落的水响声，又一个

钟头过去了，情况依旧。曹禺的家属顿生疑惑，推门一看，原来曹禺坐在澡盆里，一手拿着书看，另一只手拿着毛巾在有意无意地拍水。

王亚南绑住自己读书。王亚南是我国著名的马克思主义经济学家、《资本论》最早的中文翻译者。1933年，他乘船去欧洲。客轮行至红海，突然巨浪滔天，船摇晃得使人无法站稳。这时，戴着眼镜的王亚南手上拿着一本书，走进餐厅，恳求服务员说："请你把我绑在这根柱子上吧！"服务员以为他是怕巨浪来袭时把自己甩到海里去，就照他的话，将王亚南牢牢地绑在柱子上。绑好后，王亚南翻开书，聚精会神地读起来。

看了这些中外名人读书的故事，是否会激发我们阅读的兴趣呢？

阅读就是力量。阅读是人们汲取知识、获得智慧的基本方法，是一个国家、一个民族传承和发展的基本途径。一个人阅读的力量，决定个人学习的力量、思考的力量、实践的力量；所有人阅读的力量，决定国家文化的力量、精神的力量、创造的力量。有了这种神奇的阅读力量，我们就能够实现中华民族伟大复兴的中国梦。

正是从实现中国梦的战略高度，党的

书画阅读作品

二等奖　齐鹏

十八大第一次历史性地把"开展全民阅读活动"作为扎实推进社会主义文化强国建设的重要举措，做出了部署。

全民阅读是任何一个国家提高公民素质，整体上开发民智、提高创造力的基本手段。要把全民阅读作为文化建设的基础，鼓励从每一个人、每一个家庭做起，让读书成为每一个人的主要生活方式。

所谓生活方式，是一个人由情趣爱好、价值取向决定的生活行为的表现形式，是带有一定规律性的生活实践和生活风格。根据马克思、恩格斯的观点，人们的生活方式总是随着生产方式改变而改变，生产方式越先进，生活方式越趋于文明。随着社会生产力的发展，个人的世界观、人生观、价值观和事业观等都更加追求品位，更加注重人的素质的提升。那么，这一切又从何而来呢？一个重要方面，就是不间断地读书学习，让读书学习成为一种主要的生活方式。

西汉文学家刘向说："书犹药也，善读之可以医愚。"这是对读书的作用最经典的概括。没有一个人是天生的聪颖，也没有一个人可以无师自通，所有人的聪明智慧都来自于实践和读书，来自于对不同领域知识的消化整合。既然读书是一种生活方式，那就要把读书当成每日不可或缺的事情来做，一日不读书就像一日没吃饭、没喝水一样，有一种饥饿感、失落感。

被誉为清代"中兴第一名臣"的曾国藩，不仅品德修养高，而且才智超乎寻常。他的一个生活准则就是"无一日不读书"。而且将其作为家训，要求子孙人人遵守，后来子孙们都很成才，有的成了外交家，有的成了数学家。

2014年2月，国家主席习近平在俄罗斯索契接受俄罗斯电视台专访时，谈到了自己的个人爱好：阅读、看电影、旅游、散步。习近平坦言，"读书已成了我的一种生活方式"，并列举出多项读书的好处，"读书可以让人保持思想活力，让人得到智慧启发，让人滋养浩然之气"。

2013年5月，当时正在瑞士访问的国务院总理李克强参观了位于伯尔尼的爱因斯坦博物馆，当被一位瑞士大学生询问"你作为中国总理是否还有时间读书"时，李克强笑着回答："无论工作多忙，都要抽出时间读书。如果不读书，就难以有思想火花闪烁，也难以了解人类文明进程。"

日理万机的国家领导人把读书当作生活方式，抽时间读书，为我们树立了学习的典范。

2015年4月22日，在第20个"世界读书日"到来的前一天，李克强总理考察了厦门大学。考察期间，他专程到访群贤楼一层的"厦大时光"书店，与在此购书的同学们互动交流。他说，世界读书日虽然只有一天，但我们应该天天读书，这种好习惯会让我们终身受益。

的确，读书让我们终身受益，我们应该把读书当作一种生活方式，坚持天天读书。

现代的人们生活节奏快了、生活压力大了，但是这并不妨碍读书。因为读书的关键在于自己有没有读书意识和读书自觉性。当我们树立了读书意识，有了读书的自觉性，久之，就会养成阅读习惯。

当然，阅读习惯的形成非一日之功，把读书当成一种生活方式是一个长期修为。坚持下去，必有收益。

书画阅读作品　优秀奖　杨秀君

阅读，从家庭开始

生活从阅读开始。阅读，就像高尔基所说的"每一本书是一级小阶梯，我每爬上一级，就更脱离畜生而上升到人类，更接近美好生活的观念，更热爱这本书"。不论是大雁惊风，霜叶层染，还是雷雨横空，雪压莽原，在与阅读相约的日子里，我们那洗尽铅华的心灵，总是在睿智与激情中荡漾。读书就像一次旅行，帮我们游遍大江南北，古今中外；读书又像是跟随一位博学睿智的老师，一路教我们既感慨历史的兴衰，也让我随着书中的情节或喜或悲……

在社会经济飞速发展的今天，可以说知识就是竞争力。知识是引导我们走向光明、思想达到较高境界的灯烛。上古竞于道德，中世争于智谋，当今逐于知识。知识，是赢的基石，是成功人生的台阶，是获取胜利

的保障。

知识的力量在于即使我们身处逆境，也能帮助我们战胜险恶的沙滩暗礁；知识的魅力在于纵然我们碰到艰难，也能召唤我们亮出解决的绝招。知识能够成就一个人的辉煌，知识更能提供一个人进一步发展的平台。一个人的生命能放射出夺目的光辉，知识是第一道平台，平台多高，我们的起点就是多高！

读书，丰富知识，知识点亮人生。

山因势而变，水因时而变，人因读书而变！读书可以改变人生。培根说："读史使人明智，读诗使人灵秀，数学使人周密，科学使人深刻，伦理学使人庄重，逻辑修辞学使人善辩。"一言以蔽之，书能塑造性格，改变人生。读书，给我们编织语言的艺术；读书，给我们超凡脱俗的气质；读书，给我们豁达大度的胸襟；读书，给我们开启心灵之窗的密码；读书，给我们慰藉心灵的阳光；读书，给我们开垦荒芜的铧犁，在心灵的沃土上播撒希望的种子……

虽然读书不能改变人生的长度，但它可以改变人生的宽度。读书让人生在有限的长度内，宽广辽远，波澜壮阔，奔腾汹涌，浩荡激越。阅读不能改变人生的起点，但它可以改变人生的终点。读书让人生不再听从命运的摆布，而是把握自己，执著地走向光荣与梦想。

读书升华睿智，蕴蓄内涵，让人深刻。"阅读是一项高尚的心智锻炼"，读一本好书就像与高尚的人倾心交谈，不仅增长知识，更重要的是通过与作者"对话"会产生生命的共鸣，共同塑造人生。

读一本好书会让我们更加坚强，更加睿智，更加豁达。一个人的精神发展史，就是其读书史。书足以怡情，足以博采，足以益智。读书陶冶灵性，拓展视野。凡是爱读书的人，其视野必然开阔，其追求必然执著，其志向必然高远。

读书，是获得知识的重要途径。读书是对知识、对文化的尊重。因而在一定意义上说读书可以改变一个人乃至一个家庭、一个国家的前途与命运。而家庭作为社会的细胞，家庭阅读对于培养全民重视阅读、崇尚阅读的风气，促进社会文明进步有着举足轻重的现实意义。

阅读，从家庭开始。书香，会为家庭增添与众不同的华彩。

有这样一个颇具传奇色彩的家庭，这个家庭的传奇源于读书。是读书改变这个家庭的命运，是读书让这个家庭的成员实现自己的人生价值，绽放了生命的绚烂之花。这个家庭就是荣获广东省第七届"十大优秀书香之家"荣誉称号的李敬福家庭。

李敬福是一名新闻工作者，从事宣传新闻工作30多年。20多年前，他的大女儿李玫一出生就不幸患有脑瘫，给这个家庭带来了沉重的负担。夫妻俩儿20多年来，一边努力工作、一边抱着女儿到全国各地为孩子治病，只要哪里有一点希望，就奔往哪里去。

书画阅读作品　优秀奖
蒋晓蓉

　　李敬福夫妇平时非常喜爱读书，家里藏书非常多。自从孩子得了病，他们购买了大量医学方面的书。从书中，夫妻俩儿学会了针灸和按摩，掌握了很多脑瘫儿智力开发的方法。同时，夫妻俩儿经常把从书本中学到的知识、好的章节读给女儿听，使女儿积极地吸取知识。

　　每天下班回来，夫妻俩儿手把手地教女儿写字，教女儿读课文、学唐诗，让女儿从书本中增强自信的能力。

　　在父母关爱中长大的李玟，也养成了读书的好习惯，并从中读出了坚强、学会了乐观。2010年，李玟被选为广州亚洲残疾人运动会火炬手，她的意志坚强、刻苦锻炼、尊敬长辈、礼貌待人，让很多人印象深刻。

　　读书求智，驱散了这个家庭的阴影和愁云。每天晚上孩子入睡后，夫妻俩儿就会静静地读书。他们从书本中寻找人生哲理、获得进取力量，用从书本吸取的营养，叩开了许多人难以启动的大门，用知识编织着这个家庭和谐、幸福、健康、完美的故事。

　　这个真实的故事说明，阅读尤其家庭阅读，无论是对个人，还是对一个家庭，都意义重人。

　　家庭阅读，影响子代阅读。父母尤其是母亲喜欢且经常看书，会直接影响子女对阅读的喜爱程度，很多子女因父母喜欢且经常看书而喜欢读书。由此可见，家庭阅读的影响力确实深远。

　　把读书当成信仰的犹太人，流行这样一个传统：犹太子女出刚生后的几个月内，父母会在犹太经典著作《塔木德》里的每一页边角都沾上一点糖水，子女在玩耍翻书过程中就会产生兴趣，对书会恋恋不忘，其用意就是告诉孩子，读书是甜蜜的。也许就是因为犹太人从小就喜欢翻书、读书，才会涌现一些像马克思、爱因斯坦、洛克菲勒、索罗斯等震惊世界、影响历史进程的大人物，从而让世界人民铭记住了犹太民族对人类的重要贡献。

　　家庭阅读是全民阅读的基础。阅读是对知识、文化的尊重。在物质生活日益丰厚的今天，如果家庭对阅读失去了兴趣，那么，可能就会带来精神的贫困，也影响着社会文明的进程。把阅读作为家庭的必需，增加阅读的投入，那么无数个"书香家庭"则汇聚成了"书香中国"。阅读的根基更加牢固，则可以使我们国家和民族更加进步。

　　家庭阅读带动全民阅读。让书香伴随着每一个日子，让阅读伴随着每一个家庭。倡导家庭阅读，建设书香家庭；倡导全民阅读，建设书香社会，进而推动全社会的文明与进步。

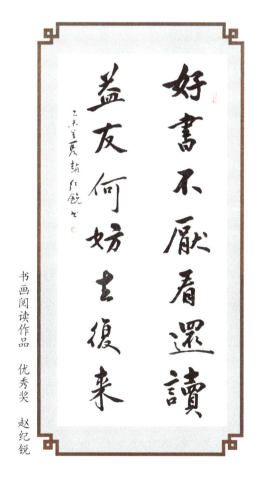

书画阅读作品　优秀奖　赵纪锐

家庭阅读，影响孩子阅读

崇尚阅读是中华民族的文化传统，历史上许多有名望的家庭都以勤勉读书为家训，从家庭藏书、读书内容、读书方法等方面对子女进行熏陶和训练。

家庭阅读，影响孩子阅读。父母爱读书，孩子也会深受其影响进而爱上读书。

对于孩子而言，良好的家庭阅读环境不是只有安静就够了，还需要浓厚的读书氛围。那么，如何营造良好的读书氛围呢？

一是与孩子一起读书学习。父母一定要和孩子一起读书，做出很好的榜样。常言道：身教胜于言教。这话没错，如果我们经常和孩子一起读书学习，抓紧写作业等，家中弥漫着书香气息，根本就用不着叮嘱孩子赶紧学习，他就会主动地、安心地读书学习。如此，读书效率及成绩的提升是必然的事。因此，我们建设书香家庭，就要多和孩子一起读书学习，积极地为孩子营造良好的读书氛围。

让书香弥漫家庭，让家长成为孩子读书的榜样。父母尤其是母亲和孩子一起读书的时刻也是亲子生活中非常幸福的时刻。父母和孩子一起读各种各样的书，增强了彼此的交流，加深了彼此的感情，对父母，对孩子，对家庭都是一种快乐。书滋润着两代人的心田，也必然能提升了两代人的素质。

作为父母，无论自己的工作有多忙碌，每天都应当抽出一些时间与孩子共同阅读学习，分享读书心德。这对父母自身来说，是一种情操的陶冶，对孩子来说，更是一种直观的教育，有利于孩子在交流中巩固知识，强化记忆，更有利于亲子双方在文化修养上的共同提升。

因此，每天需要有相对固定的读书时间。在一定的时间内，大家都在读书，雷打不动。如果有事情错过了，也一定要补上。经过一段时间的强化和坚

书画阅读作品　刘雪

持，固定时间内读书，就成了一种习惯，和洗脸、刷牙、吃饭、睡觉一样，成为一种必不可少的需要后，想不让孩子读书都难了。

此外，我们还要与孩子共读一本书，然后和孩子一起交流阅读的心得体会，讨论书中的内容，发表各自的观点与见解。我们还可以经常带孩子参观科技馆、博物馆、天文馆、名胜古迹等，和他一起学习有关科技、历史、地理、军事、天文等方面的知识，等等。

二是让孩子品尝阅读"美味"。从童话、童谣开始，给孩子们一些文学的熏陶，让他们尝到阅读的快乐，这是非常重要的。在孩子小时候，儿童文学的很多营养会影响到孩子，应该让他们觉得阅读有趣，觉得阅读是一件很有意思的事。而如果一开始就把一些很枯燥的、缺少童趣的书给孩子，他们肯定会对阅读产生畏惧感和厌烦感，觉得没有意思从而远离阅读。

很多母亲对儿童阅读存在的功利思想造成了很多误区：①有些母亲更注重孩子通过阅读提升智力，而对孩子的人格世界成长和情感世界构建不够关心；②孩子读什么书要按照大人的旨意，而不考虑其阅读兴趣，这就剥夺了孩子的阅读权利；③更重视读经典，却忽略了阅读的多样性。读书是一种终身的学习能力，同时，阅读的内容也需要广泛。我们不要太功利，读书需要"润物细无声"，太过功利就是拔苗助长。

"兴趣是最好的老师。"兴趣对孩子的学习有着神奇的内驱动作用，能变无效为有效，化低效为高效。挖掘阅读潜在的价值，让孩子喜欢看书，并从中获得乐趣。

三是让孩子养成良好的阅读习惯。在每个节日和孩子生日的时候，父母要选一本好书送给孩子，让他感觉到书是人生中最重要的，比吃的、穿的重要多了；在家里给孩子设一个专门的书架，放属于他们自己的书；制订一个开放式的阅读计划，把孩子喜欢的书放进去。

那么，如何进一步让孩子养成良好的阅读习惯呢？

 带孩子进书店

带孩子进书店，让孩子徜徉在书的海洋中，通过书店的环境感受读书的气氛。在书店里看书的孩子也很多，或坐或趴，都在翻看着自己喜爱的书籍。书店就像一个"气场"，孩子去的次数多了，也就产生了"效应"。

读书给孩子听

阅读从倾听开始，孩子最初的阅读兴趣和良好的阅读习惯往往来源于听书。经常给孩子读一些经典童话或寓言，让孩子从小就感受到书中的快乐和情趣。"为孩子大声地读书"是培养孩子阅读习惯的最为简易而有效的方法。这里所说的"大声"并不是发出很高分贝的声音的意思，而是指"读出声音来"让孩子能够听清楚。每当我们给孩子朗读时，就会发送一个"愉悦"的信息到孩子的大脑中，让孩子感受到听故事的快乐。可以说这是一种推销，只是我们向孩子推销的商品是"阅读"。

和孩子聊书

"聊书"不是在与孩子一起读完书后，向孩子提问，或要求孩子复述故事，而是通过交流使双方获得认同。父母对书中故事与现实生活的理解也由此自然而然地传导给孩子，帮助孩子去发现可能被忽略的东西，好玩的东西。父母如果通过要求孩子"再读"的方式，可能起不到好的效

果，但父母通过自己读，与孩子开心地聊一聊，孩子可能就会去重读。书中的内容，可能会给孩子留下更深的印象。

为孩子做读书记录

很多父母喜欢为孩子做成长记录，这是非常好的习惯，孩子的成长大事，日常活动，童言稚语，都可以记录下来。父母家人时常翻看和回顾，感到乐趣无穷。如果我们也能将孩子的读书成长经历记录下来，不但会非常有趣，而且对引导孩子阅读很有帮助。

"随风潜入夜，润物细无声。"让孩子参与和体验阅读的乐趣，激发阅读兴趣，让孩子情不自禁地爱上阅读，插上智慧的翅膀，在理想的天空中飞得更高、更远！

书画阅读作品　朱晓雯

"书香门第" 出英才

自古"书香门第"出英才。在中国社会，"书香门第"是一个非常奇特的人文景观，这些家族依靠自己家庭教育的力量，连续几代甚至几十代为社会培养出许多杰出的人才。较为著名的有古代的司马谈、司马迁父子，班彪、班固、班昭一家，曹操、曹丕、曹植"三曹"，杜审言、杜甫祖孙，苏洵、苏轼、苏辙"三苏"等。近现代有钱钟书家族，梁启超家族，傅雷、傅聪父子，杨武之、杨振宁父子等。

所谓"书香门第"就是说这个家庭崇尚读书。"书香门第"给人一个基本信号，就是家庭、家族的人热爱读书，而且有良好的读书传承。所以"书香门第"、读书人家在中国一直是大家所崇尚的，并且是许多人都向往的家庭境界。

"耕读传家久，诗书济世长。""书香门第"始终把读书做人作为家族的传统、家族的表征，并把这个原则代代相传。"书香门第"家庭在引导孩子读书时，更能从上一代读书的经验中，把握哪些书可以让孩子修身养性，哪些书可以让孩子安身立命，哪些书可以把孩子培养成经国济世的人才。有了这样的引导，"书香门第"家庭的孩子人生起点就高，目光就远大，视野就开阔，人生成就自然也大。

苏洵、苏轼、苏辙父子三人，是我国历史上空前绝后的大文豪，他们的成功关键在于家庭阅读。父亲苏洵苦读六大经典，发奋读书改变家族无功名的历史，他巧妙地利用孩子的好奇心，不让两个儿子苏轼、苏辙读书，反而引得他们偷偷摸摸地读书，渐渐地形成了全家都读书的氛围，最终父子三人皆成为我国历史上著名的文学家。

"书香门第"教育下一代的智慧，就在于对孩子进行深厚的人文底蕴熏陶。

梁启超是我国近代著名的政治家、思想家、史学家、文学家，除了自身取得的成就之外，他还通过言传身教和悉心培养，使9个儿女各有所成。他的教育秘诀就在于对孩子进行深厚的人文底蕴熏陶。

几个孩子渐渐长大后，为了充实子女们的国学、史学知识，梁启超聘请他在清华大学国学研究院的学生谢国桢来做家庭教师，在家中办起了补课学习组，课堂就设在饮冰室的书斋里，课程包括国

书画阅读作品

三等奖　马小燕

学方面：从《论语》、《左传》开始，至《古文观止》，一些名家的名作和唐诗，由老师选定重点诵读，有的还要背诵。每周或半个月写一篇短文，作文用小楷毛笔抄写工整。史学方面：从古代至清末，由老师重点讲解学习。书法方面：每天临摹隶书碑帖拓片，写大楷两三张。每周有半天休假。经过一年多的学习，兄妹几人国学、史学水平有了很大的提高。

学习经典并不意味着就要培养国学家，而是为了奠定深厚的人文底蕴，对于这一点梁启超有着深刻的认识。梁启超的长子梁思成后来成为我国著名的建筑学家，当他把梁思成送到美国读书的时候，他专门告诫梁思成："要分出点光阴学习文学，或人文科学中某些科目，稍为多用点工夫。我怕你因所学太专门之故，把生活也弄成近于单调。太单调的生活，容易厌倦，厌倦即为苦恼，乃至堕落之根源。"梁思成后来娶了一代才女林徽因为妻，演绎了一段传为美谈的爱情佳话。

科学用来做事，人文用来修身。直到今天，梁启超的独到见解依然对人们有深刻的启发意义。

傅雷是我国现代著名的文学艺术翻译家，几乎译遍法国重要作家如伏尔泰、巴尔扎克、罗曼·罗兰的重要作品。他的译作成为中国译界备受推崇的范文，形成了"傅雷体华文语言"。长子傅聪，是第一位享誉全球的中国钢琴家。在傅聪的教育上，傅雷倾注了大量心血，他希望傅聪能做个德艺俱备、人格卓越的艺术家。因此，除了请人教傅聪学钢琴外，他亲自教傅聪学习中国的古典诗歌和大量古文，这种教育进行了6年，奠定了傅聪厚实的东方文化根底。音乐是表达人类思想感情的一种工具，如果对人类的精神世界没有高度的理解，就不可能用钢琴传递自己的心声，也不可能赋予一个个音符以生命。正因为有了"琴外"的工夫，所以傅聪能兼收并蓄地吸收西方文化，年纪轻轻就成长为享誉国际的钢琴演奏大师。

这些"书香门第"在培养孩子的过程中都有一种智慧的眼光，他们

知道从浩如烟海的人类典籍中帮助孩子选择最重要的书、最有影响的教材。在孩子"童蒙养正"的关键阶段，他们无一例外地选择了最优秀的经典著作给孩子做了启蒙教育。因为他们知道为了让孩子成为社会卓越人才，必须让孩子尽早接触人类文明的精华、那些流传千年的经典名著，即使是为了培养一位科学家，也同样需要如此，因为文化之根扎得越深，成就之果才能结得越大。

"书香门第"出身的孩子潜移默化得到的教育要比一般家庭出身的孩子好得多。"书香门第"家庭在引导孩子读书时，更能从上一代读书的经验中，把握哪些书可以让孩子修身养性，哪些书可以让孩子安身立命。我们普通人没有"书香门第"的背景，我们的孩子没有"先天的土壤"，但我们可以从自身做起，通过后天的努力弥补——就是营造"书香门第"的家庭氛围，让孩子从人生的起步处就站在巨人的肩膀上，让孩子从小和经典为友，与圣贤同行，高起点开创自己的成功人生。

一个人的阅读是从家庭开始的，很多父母知道读书是好事，希望孩子多读书，但却忽视了身教对孩子的影响。很多家长自己看电视、玩手机、打麻将却要求孩子读书。无论是古代"三苏"的家族影响，还是现代社会的阅读习惯，都在说明家庭对个人读书的影响。无论是古人还是现代人，阅读都是一生的事情，应当成为每个人生命不可或缺的一部分，滋养着心灵的不断成长。

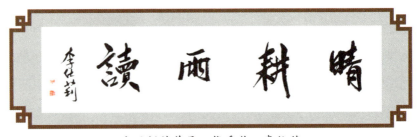

书画阅读作品　优秀奖　李仕莉

闻书香，识女人

　　闻书香，识女人。阅读，令女性睿智豁达优雅美丽。一个热爱阅读、浑身散发书香味的女性，秀外慧中，气质优雅，魅力四射。虽然普通的衣着，素面朝天，走在花团簇锦浓妆艳抹的女性中间，反而格外引人注目。是气质，是修养，是浑身流溢的书香味，让她们显得与众不同。岁月可以拿走我们皮肤的紧实，但拿不走我们身上独特的气质。美丽的容貌只愉悦眼睛，而气质的优雅打动人的心灵；魅力通常深蕴于智慧之中，而不只在容貌之中。

　　阅读，是女性最好的化妆方式。阅读不能改变人生的物相，但它可以改变人生的气象。外在的形貌基于遗传而难于改变，但人的精神可以因阅读而蓬勃葱茏气象万千。

书画阅读作品 唐瑞

阅读的意义在于，它在超越世俗生活的层面上，建立起精神生活的世界。一个人的阅读史，即是他的心灵发育史。

阅读，是心灵的美容师。阅读，对于女性来说，不但能提升自身文化素养、逐渐改变外在气质，更重要的是可以丰富生活、开阔眼界、沉静心灵。一位女性要获得幸福和快乐，心灵一定要沉静，这种沉静往往来自阅读。

阅读，丰富了我们的文化底蕴，给予我们更多的自信和修为。读书的过程也是一种美好的修炼，因为专注，所以心无杂念；因为沉静，所以呼吸平顺；因为享受，所以面容温柔；因为喜悦，所以身心安顿。喜欢阅读的女性，注定会有好的心境。

女性都爱美，殊不知，爱读书的女性才最美。现代社会，女性朋友们也同样有着相夫教子的责任和压力，于是，她们的身影总是忙碌的，语言也似乎多了一些絮叨。但是，在她们完成工作和家务后，如果能够静静地坐下来，一盏灯、一杯茶、一本书相陪，目光平静淡然而又专注地徜徉在字里行间，那静水一样的神情，在那温暖的气氛烘托下，无论如何都必须用"美丽"二字来形容。

爱读书女性的美丽，不仅在于那种读书时的恬淡、平静和安然，还在于她们在书籍熏陶下的那种非读书人不可能具有的书香气质，在于她们在被书香味浸润后一举手一投足之间透出的得体，一个笑容、一句话语不经意间露出的高雅。这种美是知性的美丽，是由内而外散发出来的才华、气质、修养和人格魅力，这种知性美是用知识积淀而成的。

爱读书女性的知性美不同于物质形态的美。物质形态的美是表面的、肤浅的和脆弱的、短暂的，它经不起认真地琢磨，哪怕任何丝毫的挫折都会使其大打折扣。物态的表面的美丽就像一幅静态的秀丽图画展现在你面前，但却会在一言一行之间像泡沫一样散失殆尽。爱读书女性的知性美也不同于世俗的美。世俗的美会随着时间的变迁而变化，昨天的妖艳会成为今天的时尚，今天的时尚会成为明天的庸俗。只有爱读书女性的知性美是绵长、隽永的。它会在智慧、深沉和聪颖的光辉映衬下历久弥坚，并在她们的言语和举止之间不经意地得以展现，不会随岁月的流逝而有丝毫的暗淡；相反，会随着岁月的积淀越来越深厚。

多读书、读好书，会让女性拥有永恒的知性美。知性美女有内涵、有智慧、有灵性。她可以没有着花闭月、沉鱼落雁的容貌，但她一定有优雅的举止和缜密的思维；她也许没有魔鬼身材、轻盈体态，但她重视健康、珍爱生命；她兴趣广泛，精力充沛，保留着好奇的童心，懂得用智慧的头脑把自己打扮得美丽而品位高雅；她有理性，也有浪漫的气质，春天里的一缕清风，书本上的几个精美辞藻，都会给她带来满怀的温柔。

知性美女如清茶，似幽兰，感性而芳香。知性美女时尚大方，气质优雅；知性美女性情浪漫，个性飞扬；知性美女独立积极，勇敢坚强；知性美女聪明宽容，给男人空间，却无声中把男人的心牵得更紧。知性除了

标志着一个女人所受的教育以外，还应该是女人特有的一种聪慧。

知性美女是外在个性与内在真情的统一，是灵性与弹性的完美结合。灵性是心灵的理解力，是和肉体相融合的精神，是荡漾在意识与无意识间的直觉，是包含着深深理念的感性。有灵性的女性蕙质兰心，善解人意，能领悟事物的真谛，她们既单纯又深刻。弹性是性格的张力，有弹性的女人，性格柔韧，收放自如。她们不固执己见，但自有一种主张。

知性美女温润如玉也绚丽如花，既能征服男人，也能征服女人。知性美女，不是鲜花，不是美酒，她是一杯散发着幽幽香气的淡淡清茶，即使不施脂粉也显得神采奕奕、风度翩翩、潇洒自如、风姿绰约。

女性朋友们，如果我们想要拥有知性美，那就爱上读书吧！读书可以使我们变得聪慧，读书可以陶冶性情，更可以修身养性。

爱读书的女性，身心健康，懂得思考，积极乐观，心态豁达。

爱读书的女性，浑身都散发着一种优雅的气质，一种由内而外的美丽。书中的养分胜过五花八门的化妆品。咀嚼文字，不经意间流露特有的内在美。

爱读书的女性，有一种独特的韵味，有一种不可抗拒的恬淡与平和，言谈举止中透出涵养、聪慧与贤德。

爱读书的女性，笑容永远自信、大度，为人处世宽容、随和，热爱自己的事业，呵护自己的家庭，尊重自己的亲朋好友。她们懂得如何真实地爱，如何有品位地生活。

爱读书的女性，才有善解人意的修养和高尚的生活情趣。即使容颜逝去，举手投足中的优雅气质仍会让女性如同脱俗的玉兰，散发着沁人心脾的香气。

爱读书的女性，勤于思考，勇于决断，充满自信地把握自己的人生。书如明灯，女性心怀理想，纵然孤身漫步，也不会寂寞和孤独。

爱读书的女性，其智慧不只是为自己添加。她的智慧修养也会给孩子良好的熏陶，给爱人最大的理解和包容。这样的女性，魅力是不会轻易随着红颜而消逝的。

爱读书的女性，书香萦绕在心间，优雅流淌在翻书的指间，难以忘怀的是合上书之后嵌入眼底心间的丽质。

爱读书的女性，她不管走到哪里都是一道美丽的风景。她可能貌不惊人，但她有一种内在的迷人气质：幽雅的谈吐超凡脱俗，清丽的仪态无需修饰。那是静的凝重，动的优雅；那是坐的端庄，行的洒脱；那是天然的质朴与含蓄混合，像水一样的柔软，像景一样的迷人，像花一样的绚丽……

清新、雅致、安宁、自信、温柔、洒脱，知性美女会给人一种温馨的美丽，一种平和的希望。知性美女有涵养、有学识、有品位，由内而外散发着让人难抗拒的魅力。女性朋友们，从今天起爱上读书吧，不断地汲取和吸收书中的营养，修炼和完善自己，你会一天天美丽高雅，直至完美的境界。

书画阅读作品　三等奖　刘琼

书画阅读作品　二等奖　潘艺文

书画阅读作品　优秀奖　谷晓晓

第五章

低碳，让生活更绿色

低碳，让生活更绿色，既环保，又健康。

出于对大自然的爱护和自身对美好生活的向往和追求，家庭应成为低碳生活的倡导者和践行者，把低碳渗透到衣、食、住、行的每一个生活细节中。

低碳生活，环保而健康

低碳生活，是指生活作息时要尽力减少所消耗的能量，特别是二氧化碳的排放量，从而低碳，减少对大气的污染，减缓生态恶化。也可以理解为：减少二氧化碳的排放，低能量、低消耗、低开支的生活方式。如今，这股风潮逐渐在我国一些大城市兴起，潜移默化地改变着人们的生活，让人们的生活更健康、更环保、更美好。

低碳生活，公民应尽的环保责任

近年来，随着工业化进程的推进，很多温室气体，主要是二氧化碳的排出，使全球气温升高、气候发生变化，这已是不争的现实。世界气象组织发布的陈述指出，近10年是有记载以来全球最热的10年。此外，全球变暖也使得南极冰川开始融化，进而致使海平面升高。芬兰和德国学者公布的最新一项调查显示，21世纪末海平面可能升高1.9米，远远超出此前的预期。如果照此发展下去，南太平洋岛国图瓦卢将可能是第一个消失在汪洋中的岛国。

社会的发展，将人类推进到了从工业文明时代向生态文明时代转折的时期。大力倡导低碳经济，建设生态文明，成为当今世界的主旋律。作为世界上最大的发展中国家，虽然我国还面临着工业化和生态化的双重任务，但未雨绸缪，大力推动低碳经济发展，建设资源节约型、环境友好型社会，已经成为我国可持续发展战略的重要组成部分。与之相应，在生活层面，倡导和践行低碳生活，已成为每个公民在建设生态文明时代义不容辞的环保责任。

低碳对于普通人来说是一种生活态度，也是一种生活方式，同时更是一种可持续发展的环保责任。低碳生活要求人们树立全新的生活观和消费观，减少碳排放，促进人与自然的和谐发展。低碳生活将是协调经济社会发展和保护环境的重要途径。在低碳经济模式下，人们的生活可以逐渐远离因能源的不合理利用而带来的负面效应，享受以经济能源和绿色能源为主题的新生活——低碳生活。低碳生活是健康绿色的生活，倡导节能减排，保护环境，提高生活质量。

我们应该积极提倡并去实践这种低碳生活方式，从日常生活的点滴做起，注意节电、节气、节油、节水……如：每天的洗米水可以用来洗手、擦家具、浇花等，又干净卫生，又自然滋润；用过的面膜纸也不要扔掉，用它来擦首饰、擦家具的表面或者擦皮带，不仅擦得亮，还能闻到面膜纸的香气；喝过的茶叶渣，把它晾干，做一个茶叶枕头，既舒适，又能促进睡眠；洗手的水来冲洗马桶；养成随手关闭电器电源的习惯，避免浪费用电；出门时尽量自己带水杯，减少使用一次性杯子；不是很热时，尽量不使用空调或电风扇；出门购物时，尽量自己带环保袋，无论是免费或者收费的塑料袋，都最好减少使用；学会手工DIY小制作，利用废物制作创意家居生活用品或制作很有趣的小玩意儿、小饰品，这样变废物为宝，不仅减轻了环境压力，而且增加了生活乐趣、节省了家庭生活开支，一举多得。如果我们每天坚持这样，那么，低碳生活不再只是一种提倡口号，而是一种新的生活方式。

总之，低碳生活，就是在不降低生活质量的前提下，尽其所能地节能减排。

节能减排，不仅是当今社会的发展需要，更是关系到人类未来的战略选择。人类只有一个地球，我们要保护好我们的家园。提高节能减排意识，对自己的生活方式或消费习惯进行简单易行的改变，一起减少全球温室气体（主要减少二氧化碳）排放，意义十分重大。低碳生活节能环保，有利于减缓全球气候变暖和环境恶化的速度。选择低碳生活，是每位公民应尽的责任，也是每位公民应尽的义务。

书画阅读作品　崔玉华

适度使用电脑，践行低碳绿色生活

现在越来越多的人在下班时间特别是周末沉溺于网络，既带来健康隐患，疏远了人与人之间的交往，又不利于节能减排。所以，为了健康着想，我们应适度使用电脑，践行低碳绿色生活。

一说到不合理使用电脑给人体健康带来的影响，不少人首先想到的是电磁辐射，其实这仅仅是一个方面。长时间不正确使用电脑给人体健康带来的危害目前已经暴露的包括：辐射、噪声、视力损害、肌肉关节劳损、心理等方面。电脑辐射对人体健康究竟有多大影响现在还没有定论，但电磁污染是不争的事实。组成电脑的各种配件，还有打印机、扫描仪等设备在工作时都会向外界发射无线电波，而这些都有可能导致白血病发生几率的提高。还有长期的噪声污染对人体健康的隐患也不容小视，它可能引发多种神经并发症，主机的噪声、打印机和扫描仪的噪声都会在不知不觉中对我们的视觉、听觉造成不良影响。所以说，电脑作为一种工具，我们只能在需要的时候使用它，不能有事无事都泡在电脑上，这样对人体健康绝对是不利的。

长时间使用电脑给人体健康带来的最直接的影响应该是视力和颈肩腰部肌肉关节的劳损和病变。视力下降、眼睛红肿、干涩……这些都是由于电脑使用者不注意对自己的约束。眼睛长时间盯着屏幕，结果造成眼部血液循环减慢，长此以往就会导致各种眼部疾病的发生。近年来颈椎病、腰椎病患者的发病年龄不断提前，不少白领甚至青少年学生会得颈椎病，这些都与电脑的普及及不正确使用有关。长期过度使用电脑的人可能会经常感觉自己的手腕处、手指关节处隐隐作痛。专家提醒，当你打完字后伸直左手五指，若指尖有抖动的感觉，这种情况就说明你的手腕和手指关节

已经受损。另外，如果背部时常有过电麻木感，也是颈肩肌肉关节遭受损伤的信号，值得引起注意。心理方面，网络成瘾已经引起广泛的社会关注，不少白领已经形成电脑依赖，没有电脑，生活和工作已然无法开展。

适度使用电脑，践行低碳绿色生活。这不是一句口号，而是我们健康生活的智慧选择。低碳生活是一种经济、健康、幸福的生活方式，它不会降低人们的幸福指数，相反会使我们的生活更加幸福。

低碳生活，是一种绿色生活方式，是一种可持续发展的环保责任，是未来文明健康生活的一种趋势。这种生活方式，会逐渐被人们所熟知、认可，直至接受。女性朋友们，希望您和您的家人都能够崇尚这种经济、健康、幸福的低碳生活方式，从日常生活的衣食住行用做起，更好地践行低碳生活，将低碳生活进行到底。

书画阅读作品　优秀奖　陈小雷

着装，美也讲究低碳

目前，服装已从最初的遮盖身体、抵挡风寒，发展到现在的追求舒适、美观。这种变化既体现了科技的进步，又反映出人们对生活质量的要求不断提高。各种纤维都有自己的优点和缺点，不同纤维的组合可以扬长避短。随着人们环境意识的不断增强，以环保为主题的新型纤维服装将成为未来服装的发展趋势。

女性，是美丽的拥趸，也是美丽的天使。她们的美往往表现在服装上，可谓缤纷烂漫。一袭长裙，腰带飘逸，裙摆散漫不羁，风情万种，修长手臂袅袅婷婷，纤腰如柳，娉婷而来，妖娆而去。在衣袂蹁跹中，我们不应忘记穿着低碳服装，加入环保时尚的潮流中。

低碳服装是一个宽泛的服装环保概念，泛指可以让我们每个人在消

耗全部服装过程中产生的碳排放总量更低的方法，其中包括选用总碳排放量低的服装，选用可循环利用材料制成的服装，及增加服装利用率减小服装消耗总量的方法等。

低碳着装，指人们从购衣、穿着、维护等过程中处处体现着低碳理念（即低排放、低污染、低消耗）的着衣方式习惯，也指可以让人们在消耗服装的过程中产生的碳排放总量更低的一种着装行为习惯。

选购低碳服装

日常生活中，女性朋友应选购在原料、面料、设计加工等方面尽可能采取了低碳排放手段的服装，或采取了低碳排放工艺及购买了相应碳排放补偿的服装企业的服装。购买时，我们应选择环保面料的、设计简约大方的服装。

一件衣服从原材料的生产到制作、运输、使用以及废弃后的处理，都在排放二氧化碳并对环境造成一定的影响。环保部门做过一个计算，一条约400克重的涤纶裤，假设它在我国台湾生产原料，在印度尼西亚制作成衣，最后运到英国销售。预定其使用寿命为2年，共用50℃温水的洗衣机洗涤过92次；洗后用烘干机烘干，再平均花2分钟熨烫。这样算来，这条裤子从生产、运输、洗护到使命完结所消耗的能量大约是200千瓦时，相当于排放47千克二氧化碳，是其自身重量的117倍。

相比之下，棉、麻等天然织物不像化纤那样由石油等原料人工合成，因此消耗的能源和产生的污染物要相对较少。某研究所的研究，一件250克重的纯棉T恤在其"一生"中大约排放7千克二氧化碳，是其自身重量的28倍，比化纤材质的衣服少得多。

在面料的选择上，大麻纤维制成的布料比棉布更环保。一项研究表明，大麻布料对生态的影响比棉布少50％。用竹纤维和亚麻做的布料也比棉布在生产过程中更节省水和节省农药。

因此，我们尽量选购棉、麻等天然织物面料的服装。穿衣风格，应以简约大方为主，过多过繁的设计会导致过多的二氧化碳排放，提倡简约、时尚相结合的风格。颜色选择方面，随季节而变换，夏天以浅颜色为主，避免吸收太多的环境热量导致消耗过多降温所需的电能，冬天以深色为主，多吸收太阳辐射能，降低取暖消耗。同时，选购衣服时要避免抗皱、免烫、防水、防污等附加功能，通常这些功能都是用化学药剂实现的。尽量少买需要干洗的衣服，并减少衣物干洗的次数。干洗过程不仅耗电，而且使用的化学溶剂对身体和环境有害。

书画阅读作品

三等奖　汪惠清

低碳着装新主张

（1）一衣百搭，减少购买衣物的数量。时尚的衣服使用周期都非常

短，而衣服及其原料的生产过程会产生碳排放。因此，应减少购买一些使用周期不长的衣服。平均每生产一件衣服会排放6.4千克二氧化碳。买经典款的服饰或者款式简单大方的服饰，这样既可以很好地搭配又可以减少购买衣物的数量。打个比方：一条黑色的修身铅笔裤，可以搭白色T恤，简单运动风格；可以配白色衬衫，干练工作风格；可以搭套头毛衣，舒适休闲风格。

（2）穿衣打扮，简单大方。穿衣打扮应简单大方，这样既时尚又环保。简单的做法就是适当地做减法。比如，不是正式场合，穿衬衣可以不打领结，感觉更休闲自然，也更舒适；不是每一件配有腰带的衣服都搭腰带好看；有时候，一条轻盈的披肩比一件厚重的外套更大方温柔；不需要每次都别胸针，围丝巾。尤其在夏天，浅色、简单的衣服更适合，深色衣服吸热，夏天穿着更热；夏天穿复杂多层的衣服，不仅热，而且让人看着也很不舒服，有碍美观。

（3）旧衣新用，经济省钱。复古与新潮的关系是互补的，比如几年前，非常流行穿高领的毛衣，但是过了几年高领毛衣又被时尚淘汰了。可是再过几年，到了今天，流行复古，高领毛衣可能又成了一种新潮，开始流行。所以，旧的不流行的衣服，不要着急扔掉，放置几年，可能又成了一种新的时尚。或者有些旧衣物我们可以通过手工DIY裁剪几刀缝补几针，又能变成一件新的流行服装。不穿了的衣服，可以做成环保袋、小钱包，只需要剪下几块布料，再拼缝起来就可以了，十分容易。

（4）拒绝皮草。毛茸茸的皮草制品，放在商场的玻璃橱窗内，在聚光灯的照射下显得那么典雅、高贵。然而绝大多数人并不知道，在皮草制品华丽的外表下面，隐藏着怎样的血腥与恐怖。皮草是动物的皮毛，拒绝皮草就是拒绝杀戮，保护动物。

清洁整理衣物的低碳妙招

清洁衣物有很多环保低碳的小妙招。

（1）用手洗代替洗衣机洗涤。如果我们每月用手洗代替1次洗衣机洗涤，每台洗衣机每年可相应减排二氧化碳3.6千克。如果全国1.9亿台洗衣机都因此每月少用1次，那么每年可节约26万吨标准煤，减排二氧化碳68.4万吨。

（2）适量使用洗衣粉。洗衣粉是生活必需品。每年消耗的洗衣粉占洗涤用品的一半以上。在我国，生产洗衣粉主要采用高塔喷粉的生产工艺，这种工艺能耗较高。因此，除了改进工艺以外，合理使用洗衣粉也可以节能减排。比如，少用1千克洗衣粉，可节能约0.28千克标准煤，相应减排二氧化碳0.72千克。如果全国3.9亿个家庭平均每户每年少用1千克洗衣粉，一年可节能约10.9万吨标准煤，减排二氧化碳28.1万吨。很多人都有一种错觉，认为洗衣粉用得越多衣物洗得越干净。其实，洗衣粉用得过量，反而会积聚在衣物内，对皮肤有害，污水排放后会破坏生态环境。

所以，我们应适量使用洗衣粉，可选择无磷洗衣粉或者洗衣液。

（3）降低洗衣的频率。不要一件衣服单洗，把色系类同衣服攒在一起洗，这样既可以省电、省水，还可节省洗涤时间和洗涤剂（洗衣粉）用量。

在一次过水中将衣物脏的地方反复揉搓，比多次过水洗得更干净，也更能节水。

过水时将衣物尽量挤干，再放入清水中漂洗。这样使衣物上的脏水

留得更少，自然漂水清洗次数也就更少，就更能节水。

（4）使用洗衣机节电、节水的方法。如果一定要使用洗衣机，请记住合理使用洗衣机的方法：

①使用强挡，缩短脱水时间。洗衣机在同等洗涤时间内，采用弱挡工作，电动机启动次数多很费电。相反，使用强挡不但能够比弱挡更省电，而且可以延长洗衣机寿命。普通涡轮式洗衣机按转速1680转每分钟计算，1分钟脱水率可达55％，一般脱水不应超过3分钟，若再延长脱水时间其实意义不大。

②先浸泡，后洗涤。洗涤前，先将衣物在洗衣液溶液中浸泡10～74分钟，让洗涤剂与衣服上的污垢发生作用，然后再洗涤。这样，不仅能够使衣物洗得更加干净，而且可使洗衣机的运转时间缩短一半左右，电耗也就相应减少了一半。

③分色洗涤，先浅后深。不同颜色的衣服分开洗，不仅洗得干净，而且也洗得快，比混在一起洗可缩短1/3的时间。

书画阅读作品　二等奖　宋闽祺

④先薄后厚。不同面料的衣服，洗涤时间不一样，分开洗可以减少不必要的浪费。一般质地薄软的化纤、丝绸织物，四五分钟就可洗干净，而质地较厚的棉、毛织品要10多分钟才能洗净。厚薄分开洗，比混在一起洗可有效地缩短洗衣机的运转时间。

⑤集中洗涤。集中洗涤是一项非常经济有效的洗衣方法。洗涤时，洗衣液可适当增添，多洗几批衣服，全部洗完后再逐一漂清。这样就可省电省水，节省洗衣粉和洗衣时间。

⑥额定容量。一般来说，每款洗衣机都有额定容量（说明书中会明确标示），衣服重量越接近，就越节能。当洗衣机的实际洗涤量为额定容量的80％时，效率最高。尤其是脱水，并不是衣服放得越少越好。如果洗大件衣服，起码也要接近70％的额定容量，才能真正做到充分利用洗衣机。

⑦用水量适中，不宜过多或过少。水量太多，会增加波盘的水压，加重电机的负担，增加电耗；水量太少，又会影响洗涤时衣服的上下翻动，增加洗涤时间，使电耗增加。

⑧正确掌握洗涤时间，避免无效动作。衣服的洗净度如何，主要是与衣服的污垢的程度，洗涤剂的品种和浓度有关，而同洗涤时间并不成正比。超过规定的洗涤时间，洗净度也不会有太大的提高，而电能耗费则增加。

⑨程序合理。衣物洗了头遍后，最好将衣物甩干，挤尽脏水，这样，漂洗的时候就能缩短时间，并能节水、省电。

（5）让衣服自然晾干。研究表明，一件衣服60％的"能量"在清洗和晾干过程中释放。衣服洗净后，挂在晾衣绳上自然晾干，若不急着穿，不要用烘干机烘干。这样，总共可减少90％的二氧化碳排放量。

（6）合理使用电熨斗。

①合理选择电熨斗。选择功率为500～700瓦，并且可以自动断电的调温电熨斗，不仅节约电能，还能保证熨烫衣服的质量。

②分时熨烫衣物。在通电初始阶段先熨耐温较低的衣物，待温度升高后再熨耐温较高的，断电后用余热再熨一部分耐温较低的衣物。

③一些居家衣服根本不需要用电熨斗，在洗完之后仔细将其抚平展，抻一抻，挂好晾干即可。尤其是对衣服的门襟、领子、口袋、袖口等处好好抻一抻，便可以使衣服平展如初。这样做不仅可以节约用电，而且还能够省出很多时间。

④可以选用一些类似于电熨斗加热的方法，来消除衣服的皱痕。比如，可以选用一些平底搪瓷杯子、盐水瓶以及不锈钢小盆等工具，在装满开水后，用底部来熨烫衣服，效果同样很好；另外，也可以在洗完澡后，直接将洗好的衣服挂在浴室，同时关好浴室门，用里边的蒸汽将衣服烫平。

⑤掌握好电熨斗通电的时间。一般而言，一个"220伏、300瓦"的电熨斗在通电1分钟后，就可达到20℃。所以，要根据所熨烫衣服的衣料，来准确掌握电熨斗的通电时间。

⑥安排好熨烫衣物的顺序。电熨斗在最高温时，应该先熨烫一些麻质或棉质的衣服，而一些化纤类的衣物，可以在切断电熨斗电源后，利用余热来熨烫。

⑦每次熨烫衣服时，要掌握一定的技巧，最好可以一次将皱痕熨平，如果反复熨烫，不仅耗电，还容易将衣服熨坏。

⑧在使用蒸汽电熨斗时，一定要加热水，这样既能省电又能省时。

饮食，舌尖上的低碳

食物在生产过程中会产生大量的二氧化碳，而且因食物的种类不同，生产时产生的碳排放量也不同。另外，食物在运输、包装、贮存、烹饪等各个环节都会排放二氧化碳。有资料显示，一个成年人，一年要吃掉的肉、鸡蛋、奶制品、面粉和谷物、水果和蔬菜等食物近887千克，大约排放5527.8千克的二氧化碳。

民以食为天，人们一日三餐不可少。饮食与低碳同样密不可分，那么，我们如何在饮食上做到低碳呢？

减少粮食浪费

在日常生活中，随处可以见到浪费粮食的现象。也许我们并未意识到自己在浪费，也许我们认为浪费这一点点算不了什么。然而事实是：少浪费0.5千克粮食（以水稻为例），可节能约0.18千克标准煤，相应减排二氧化碳0.47千克。如果全国平均每人每年减少粮食浪费0.5千克，每年可节能约24.1万吨标准煤，减排二氧化碳61.2万吨。少浪费0.5千克猪肉，可节能约0.28千克标准煤，相应减排二氧化碳0.7千克。如果全国平均每人每年减少猪肉浪费0.5千克，每年可节能约35.3万吨标准煤，减排二氧化碳91.1万吨。

节约粮食，是我们每个公民应尽的义务，而不是现在的生活好了，浪费一点没什么。节约光荣，浪费可耻。只要我们心存节约的意识，其实做起来很简单：吃饭时吃多少盛多少，不随意扔掉剩饭菜；在餐馆用餐时点菜要适量，吃不完的饭菜打包带回家。尽量减少对生态环境的压力已经成为一种新时尚，成为新时代人应该具备的一种品质。低碳生活，让我们从珍惜每一粒粮食做起。

选择应季水果和蔬菜

反季节水果和蔬菜一部分在温室中种植，另一部分从其他地区引进。温室种植往往需要消耗更多的能源，会排放大量的二氧化碳，从其他地区引进则会在运输过程中产生碳排放。例如，生产1千克应季蔬菜只排放0.7千克左右的二氧化碳，而生产1千克温室蔬菜的二氧化碳排放量约为6.6千克，大大超过了应季蔬菜。

多吃水果和蔬菜，少吃肉类

我们大多数人都爱吃肉，随着生活水平的提高，餐桌上的肉食越来越多。人们日常生活中肉类消费多，那么，就要饲养更多的家畜、家禽才能满足人们的需求，这样就会耗费更多的资源，饲养场中大量的家畜、家禽粪便还污染地下水源。肉类的生产、包装、运输和烹饪所消耗的能量比植物性食物要多很多。

在肉类食物中，以生产牛肉、羊肉所排放的二氧化碳最多，其次是猪肉和鱼肉，而水果和蔬菜都在二氧化碳排放量最少的食物之列，并且其生产周期相比肉类来说要短很多。一个人如果一周内少吃1千克猪肉，转而食用蔬菜，将减少0.7千克二氧化碳排放，一年减少二氧化碳排放量将达到36.4千克。此外，水果可以直接食用，而蔬菜相对于肉类来说，烹饪方式简单，烹饪时间较短，也因此减少了一部分二氧化碳排放。

少食罐装食品、饮料

日益膨胀的包装消费，在饮料工业中表现得最为明显。其实饮料消费本身对环境污染并没什么影响，主要是饮料的包装方式。人们在日常生活中，饮用啤酒、汽水、瓶装水和其他装在一次性容器中的饮品日益增多，每年会扔掉很多瓶子、罐头盒、纸箱和塑料杯。包装饮料和罐装食品消耗了大量的能源和资源，如，塑料瓶生产过程要消耗掉大量的水，一个容量为1升的塑料瓶在生产过程中需要耗费2升水。因此，我们要少食用罐装食品和饮料。在较常见的食品包装材料中，铝制材料是生产过程中排放二氧化碳最多的。因此，选择包装饮料，应少选铝制品包装的饮料（如易

拉罐的可乐、啤酒等），这样可以显著减少碳排放。

 **适量饮酒**

俗话说："无酒不成席。"酒，在人们的日常饮食中尤其是宴请中似乎必不可少。但过量饮酒，不仅对人体健康有害，而且生产酒的过程中会产生大量二氧化碳，增加环境压力。

酷暑难耐，冰镇啤酒成了颇受人们欢迎的饮品，但也应少喝为宜。在炎热的夏季，若每人每月少喝1瓶啤酒，3个月即可节能约0.23千克标准煤，相应减排二氧化碳0.6千克。从全国范围来看，每年可节能约29.7万吨标准煤，减排二氧化碳78万吨。

白酒在我国也很受欢迎，很多人都喜欢喝。不过，饮酒应适量，过量饮酒，不仅增加碳排放量，而且影响身体健康。所以，为了健康，为了环境，我们应尽量少饮白酒。如果一个人一年少喝0.5千克白酒，可节能约0.4千克标准煤，相应减排二氧化碳1千克。

书画阅读作品

优秀奖　罗菲

戒烟

吸烟有害健康，香烟生产还消耗能源，所以我们应戒烟。戒烟，什么时候都不晚。

一天少抽一支烟，每人每年可节能约0.14千克标准煤，相应减排二氧化碳0.37千克。如我国3.5亿烟民都这么做，那么每年可节能约5万吨标准煤，减排二氧化碳13万吨。

吸烟会使人的机体免疫力降低，容易使细菌、病毒等病原体侵入人体，损害健康。研究表明，吸烟与肺癌、肺气肿、心脏病、中风和其他癌症等25种以上危及生命和健康的疾病有关。孕期女性吸烟，不仅会危害自身的健康，还会影响孩子的健康。

少使用一次性筷子

很多人认为，使用一次性筷子可以保证卫生。殊不知，有些企业在生产筷子时，为了让其看起来洁白干净，成形的筷子要经硫磺熏，熏不白的还要使用双氧水和硫酸钠浸泡、漂白，然后用滑石粉抛光。工业用硫磺、硫酸钠等化学品因为毒副作用很大，在餐饮业领域是绝对不许使用的，可是有些企业在一次性筷子的加工生产过程中竟然使用这些化学材料，严重危害着人们的身体健康。一次性筷子的大量生产严重地消耗着我国的森林资源。一次性筷子的主要原料是木材，生产这些产品都直接或间接地排放了二氧化碳。我国每年大约生产800亿双一次性筷子，每年为生产一次性筷子减少森林蓄积200万立方米。因此，我们应尽量少用一次性筷子。其他一次性餐具如一次性纸杯、一次性餐盒等其生产、加工、运输不仅消耗资源，而且还增加二氧化碳排放量，因此，我们也尽量少使用。

选择节能的烹饪方式

烹饪方式有蒸、煲、炒、煎、凉拌等，其中煲汤、煮粥等都要花费几个小时，相当费电。而凉拌食品不仅爽脆可口，准备时间短，操作简单，而且几乎不消耗烹饪能源。因此，在每次用餐时，如果已经有了其他方式烹饪的菜，不妨多准备几个凉菜，既可以品尝不同的味道，又可以减少能源的浪费，还减少了二氧化碳排放量。由于烧烤的碳排放量比其他烹饪方式高出许多，因此应尽量减少烧烤次数。

作为家庭主妇，为了环保，应采用节能的方式做饭、烹饪：

（1）做饭时应先将食物放在锅上再点火，避免烧空灶，浪费燃气。

（2）煮饭时，提前淘米并浸泡10分钟左右，然后再用电饭煲煮，可大大缩短烹饪时间。每户家庭每年可因此减排二氧化碳4.3千克。如果全国1.8亿户城镇家庭都这么做，那么每年可省电8亿度，减排二氧化碳78万吨。

（3）用电饭煲煮好饭后应及时拔掉电源，利用余热来加热米饭。

（4）不要使用电饭煲烧水。同样功率的电饭煲和电水壶烧1瓶开水，电水壶仅需要5～6分钟，而电饭煲却需要15分钟左右，很费电。

（5）用微波炉加热食品时，在碗外面套上专用的保鲜膜，可以缩短加热时间，达到省电效果，而且食物水分不会散失，味道更加鲜美。

（6）烹饪食物多用中火，而不是大火，可节省燃气。

（7）保持厨房良好的通风环境，防止燃气燃烧缺少充足的氧气，增加耗气量。

（8）合理安排抽油烟机的使用时间，避免空转耗能。如果每台抽油烟机每天少空转10分钟，一年可减少二氧化碳排放11.7千克。

居家生活，无处不低碳

目前，我国城乡居民生活逐渐从温饱型向舒适型转变，对居住面积、住宅室内环境、舒适度等的要求逐渐提高。而建筑材料、装修材料等在生产、运输过程中会造成大量碳排放。另外，室内取暖制冷、使用家用电器、厨房清洁等也会排放大量二氧化碳。因此，作为家庭主角的女性应树立低碳居家生活理念，生活中能节能的一定要节能，不浪费。

家居低碳的学问

（1）选择面积适宜的住宅。住宅面积越大，建筑材料和装修材料的使用量越大，取暖制冷的能耗也越大，二氧化碳排放量随之增长。因此，

选择面积适宜的住宅，具有明显的二氧化碳减排效果。同时，超高层住宅单位面积消耗建材的碳排放大约为高层住宅的112%。因此，根据需要合理选择非超高层住宅也有助于减少建材消耗带来的碳排放。

（2）选择用节能砖建造的住宅。如果地面用砖为实心砌体，则100平方米住宅地面用砖对应排放的二氧化碳约5460千克。而选择空心节能砖，不仅可以起到更好的保暖作用，还可以降低二氧化碳排放量。因此，节能砖具有节土、节能等优点，是优越的新型建筑材料。

（3）减少装修木材的使用量。木材是住宅装修中使用量较大的建材，这不但使得大量木材原有的固碳功能丧失，还在其生产、运输过程中额外增加了二氧化碳排放。综合起来，少使用0.1立方米装修用的木材，可节能约25千克标准煤，相应减排二氧化碳64.3千克。如果全国每年2000万户左右的家庭装修能做到这一点，那么可节能约50万吨标准煤，减排二氧化碳129万吨。

书画阅读作品

优秀奖　田欧

（4）减少装修铝材钢材的使用量。铝是能耗最大的金属冶炼产品之一，铝的生产企业是耗能大户，也是排碳大户。减少1千克装修用铝材，可节能约9.6千克标准煤，相应减排二氧化碳24.7千克。如果包门材料使用铝材，装修1平方米住宅的二氧化碳排放量将高达1600千克，但如果改用其他材料，排放量可最低降至420千克。如果全国每年2000万户左右的家庭装修能做到这一点，那么可节能约19.1万吨标准煤，减排二氧化碳49.4万吨。钢材是住宅装修最常用的材料之一，钢材生产也是耗能排碳的大户。减少1千克装修用钢材，可节能约0.74千克标准煤，相应减排二氧化碳1.9千克。如果全国每年2000万户左右的家庭装修能做到这一点，那么可节能约1.4万吨标准煤，减排二氧化碳3.8万吨。

（5）减少建筑陶瓷使用量。家庭装修时使用陶瓷能使住宅更明亮、更美观。不过，浪费也就此产生，部分家庭甚至存在奢侈装修的现象。节约1平方米的建筑陶瓷，可节能约6千克标准煤，相应减排二氧化碳75.4千克。如果全国每年2000万户左右的家庭装修能做到这一点，那可节能约12万吨标准煤，减排二氧化碳30.8万吨。

（6）装修风格简约大方。近几年来，简约的设计风格渐渐成为家庭装修中的主导风格。而简约的风格恰恰就是家装节能中最为合理的关键因素，当然简约并不等于简单，只要设计考虑周全，简约的风格是很适宜现代装修的。而且这样的设计风格能最大限度地减少家庭装修当中的材料浪费问题。通透的设计如今也被越来越多的家庭所接受，而这样的设计在保持通风和空气流通的同时，也在很大程度上减少了能源浪费。

（7）多使用竹制、藤制的家具和节能型电器。竹子和藤条的可再生性强，也能减少对森林资源的消耗。节能型电器省电又节省能耗，是环保的优先选择。

家居省电妙招

（1）照明节能。

①家庭照明改用节能灯。以高品质节能灯代替白炽灯，不仅减少耗

电，还能提高照明效果。以11瓦节能灯代替60瓦白炽灯、每天照明4小时计算，1个节能灯1年可节电约71.5度，相应减排二氧化碳68.6千克。按照全国每年更换1亿个白炽灯的保守估计，可节电71.5亿度，减排二氧化碳686万吨。

②在家随手关灯。养成在家随手关灯的好习惯，每户每年可节电约4.9度，相应减排二氧化碳4.7千克。如果全国3.9亿户家庭都能做到，那么每年可节电约19.6亿度，减排二氧化碳188万吨。

（2）合理使用热水器。

①给电热水器包裹隔热材料。有些电热水器因缺少隔热层而造成电的浪费。如果家用电热水器的外表面温度很高，不妨自己动手处理一下，不妨包裹上一层隔热材料。这样，每台电热水器每年可节电约96度，相应减少二氧化碳排放92.5千克。

②如果是燃气热水器，要格外注意安全，防止燃气泄露。一是燃具要与使用的气源相适应。二是要选择法定质检机构检测合格、质量可靠、售后安装和维修服务有保障的燃具，并按说明书的要求操作。燃气热水器一次使用时间不要超30分钟。每晚睡觉前最好关闭气源管道上的阀门。平常可用肥皂水或其他发泡剂检查一下供气管道接头的密封性。

③电热水器和其他家用电器一样，不用的时候，一定要拔下插头，避免待机耗电。

④如果热水用得多，不妨让热水器始终通电保温，因为保温1天所用的电，比从一箱凉水烧到相同温度所用的电还要低。

⑤太阳能热水器最节能、环保，而且使用寿命长。1平方米的太阳能热水器一年节能120千克标准煤，相应减少二氧化碳排放308千克。

⑥燃气热水器长期不用时要关闭气源管道上的阀门，打开热水器放水阀放去剩水。最好每年请售后服务人员上门做一次安全检查。

（3）合理使用空调。

①夏季空调温度在国家提倡的基础上调高1℃。炎热的夏季，空调能带给人清凉的感觉。不过，空调是耗电量较大的电器，设定的温度越低，消耗能源越多。其实，适当调高空调温度，并不影响舒适度，还可以节能减排。如果每台空调在国家提倡的26℃基础上调高1℃，每年可节电22度，相应减排二氧化碳21千克。如果对全国1.5亿台空调都采取这样的措施，那么每年可节电约33亿度，减排二氧化碳317万吨。

②选用节能空调。一台节能空调比普通空调每小时少耗电0.24度，按全年使用100小时的保守估计，可节电24度，相应减排二氧化碳23千克。如果全国每年10％的空调更新为节能空调，那么可节电约3.6亿度，减排二氧化碳35万吨。

③出门提前几分钟关空调。空调房间的温度并不会因为空调关闭而马上升高。出门前3分钟关空调，按每台每年可节电约5度的保守估计，相应减排二氧化碳4.8千克。如果对全国7.5亿台空调都采取这一措施，那么每年可节电约7.5亿度，减排二氧化碳72万吨。

（4）合理使用电风扇。

虽然空调在我国家庭中逐渐普及，但电风扇仍然是很多家庭夏季纳凉的电器。

电风扇的耗电量与扇叶的转速成正比，同一台电风扇的最快挡与最慢挡的耗电量相差约40％。在大部分的时间里，中低挡风速足以满足纳凉的需要。以一台60瓦的电风扇为例，如果使用中低挡转速，全年可节电约2.4度，相应减排二氧化碳2.3千克。如果对全国约4.7亿台电风扇都采取这一措施，那么每年可节电约11.3亿度，减排二氧化碳108万吨。

（5）合理使用电冰箱。

①选用节能冰箱。1台节能冰箱与同规格普通冰箱相比，每年可以省

电约100度，相应减少二氧化碳排放100千克。

②选用无氟冰箱。普通电冰箱采用氟利昂作制冷剂，而氟利昂已被视为破坏地球臭氧层的主要元凶。无氟冰箱采用了与普通冰箱不同结构的压缩机，无需以氟利昂作为制冷剂，并且对系统内的润滑油、密封材料等进行了革新，能够确保制冷效果。

③冰箱存放食物要适量。冰箱内存放食物的量以占容积的80％为宜，过多或过少都会费电。食品之间，食品与冰箱之间，应留有约10毫米以上的空隙，以免影响冰箱内的空气对流，妨碍食物散热，增加压缩机的工作时间和电能消耗。对于大体积的食物，可根据家庭每次食用的量分开包装，每次只取出一次食用的量，避免由于反复取放导致的反复冷冻而浪费电能。

④将冷冻食品转入冷藏室。放在冰箱冷冻室内的食品，在食用前可先转移到冰箱冷藏室内逐渐融化，以便使"冷能"转入冷藏室，从而节省电能。

⑤减少冰箱开门时间。多开一次冰箱门，冰箱内冷气往外发散，使压缩机要多运转数分钟，才能恢复冷藏温度。研究发现，每天减少3分钟的冰箱开门时间，1年可省下约30度电，相应减少二氧化碳排放约30千克。

⑥食品先降温。用冰箱存放食物时要先降温，这样做的目的有两个：一是避免高温带给冰箱压力，造成多余的资源消耗；二是防止食物因温度的突然降低而导致霉变。

⑦及时给冰箱除霜。每年可因此节电184度，相应减少二氧化碳排放177千克。对水果、蔬菜等水分较多的食品，先洗净沥干，用容器放好，再放入冰箱中，可避免霜层加厚，也节约了电能。

（6）合理使用电饭煲。

①使用机械式电饭煲时，在电饭煲上盖一条毛巾（注意不要遮住出气孔），可以减少热量损失。

②尽量选择功率大的电饭煲。煮同量的米饭，700瓦的电饭煲比500瓦的电饭煲要省电。例如，煮1千克的饭，500瓦的电饭煲需30分钟，耗电0.25度；而用了1000瓦的电饭煲约需20分钟，耗电0.23度。可见，功率大的电饭煲，省时又省电。

③用机械式电饭煲煮米饭时，当煮开一段时间后，用手轻轻抬按键，使其跳开，利用余热让米将水吸干，再按下按键，饭熟后按键会自动跳开。

④用电饭煲煮面条时，要待水沸后再放面条，开锅后3～5分钟即可切断电源，利用余热保温几分钟，就可食用了。

⑤电饭煲的电热盘长时间被油渍污染附着后会出现一层焦炭膜，影响导热性能，增加耗电。因此，要及时清洁电饭锅电热盘。

⑥电饭煲用完后要及时拨下插头，不然煲内温度下降到70℃以下时会连续自动通电。

⑦使用电饭煲时应将其放平，否则会一侧水多一侧水少，不仅延长自动断电时间，还容易使水少的一侧饭烧焦。

书画阅读作品　二等奖　靳莹

居家省燃气妙招

（1）炒菜时，火焰应适当。实际上，热流量的大小应与烹饪方式及灶具相适应，如果一味地追求大的热流量，会大大降低灶具热效率，增加废烟气排放量。炒菜时，火焰也不是越大越好。灶具是靠火焰通过对流传热给锅底，但火焰与锅底的接触时间很短，大量的热量未被利用就转瞬即逝，也就是说有将近一半的燃气被浪费掉了。

（2）定期保养灶具，以便燃烧充分。火焰呈纤黄色说明缺氧，产生"脱火"现象则说明空气过多，此时应适当调整灶具风门，待火焰呈紫蓝色时，表示燃烧充分。

（3）菜可切丝的，尽量切细丝；只能切片的，也尽量切薄片，更易熟，更省燃气。

（4）若是烧汤、炖东西，先用大火烧开，关小火只要保持锅内的汤滚开而又不溢出即可；火焰的大小可根据锅底的大小来决定，火焰分布的面积与锅底相齐或略小于锅底面积为最佳；最好不要用蒸，蒸饭时间是焖饭时间的3倍；使用的锅、壶，应抹干表面水渍再放到灶上去，这样热能传导快，节约用气；若有风把火焰吹得摇摆不定，可以购置"挡风罩"，保证火力集中。

（5）锅底与炉头的距离要适当。距离太大，则热量散失太多；距离太小，则燃气不能充分利用、锅底与炉头的最佳距离据测算一般以20～30毫米为宜，这时候，既省气，烹调效果也好。

（6）锅底清洁很重要。铁锅用久了，锅底会积上一层黑色的脏物，这种东西会起到隔热的作用，因此要定期清理，免得影响导热。

（7）选用高压锅烧煮食物，省气省时保营养。锅底直径越大，火焰传导给锅底的热量越多，散失则越少，所以应选择直径较大的炊具。

 居家节水妙招

（1）洗脸之后的水可以用来洗脚，洗衣、洗菜的生活废水可以收集起来冲厕所，养鱼的水可以用来浇花，淘米水、煮过面条的水用来洗碗筷。别小看这些，平日里养成节水习惯，积累下来，仅一个三口之家每月就能节水1吨以上。

（2）空调使用时会排出大量冷凝水，一台功率为2匹的空调，在酷暑季节每天开6小时，平均每小时可以回收3升左右的冷凝水，每天可以回收冷凝水18升。这些水完全可以变废为宝，用来拖地、冲厕所。

（3）刷牙、取洗手液、抹肥皂时要及时关掉水龙头。正在用水时，如需开门、接电话等应及时关掉水龙头。

（4）用盆接水洗菜代替直接冲洗，每户每年约可节水1.64吨，同时也减少了等量污水排放，相应减排二氧化碳0.74千克。

（5）洗碗时，把大的餐具放在最下面，按从大到小的顺序放置，呈塔形堆叠。清洗时，洗过上面餐具的水自然地流到了下面，可以节约很多水。

（6）淘米水泡干菜（如海带、笋干、墨鱼等），不但容易泡涨、洗净，而且可以使食品很快煮熟、煮透。

（7）避免家庭用水跑、冒、滴、漏。一个没关紧的水龙头，在一个月内就能漏掉约2吨水，一年就漏掉24吨水，同时也产生了等量的污水排放。如果全国3.9亿户家庭用水时能杜绝这一现象，那么每年可节能340万吨标准煤，相应减排二氧化碳868万吨。

厨房清洁低碳窍门

各种洗涤用品多少都含有化学物质，从生产到使用，碳排放量都很

高，而且由于其降解性差，会对水质和土壤造成危害。因此，我们在日常生活中要尽量少用洗涤用品。掌握以下几项厨房清洁低碳窍门，即使不用洗涤剂，也能达到清洁的效果。

（1）拖地时，在拖把上倒一点醋，即可去掉地面油污。若水泥地面上的油污很难去除，可弄点干灰，用水调或糊状倒在地面上，再用清水反复冲洗，水泥地面便可焕然一新。

（2）处理不锈钢厨具表面油渍，只需在其表面洒上少许面粉，再用废旧软塑料或抹布擦拭，即可光亮如新。

（3）可用碱性去污粉擦拭玻璃，然后再用氢氧化钙或稀氨水溶液涂在玻璃上，半小时后用布擦洗，玻璃就会变得光洁明亮。

（4）液化气灶具沾上油污后，可用黏稠的米汤涂在灶具上，待米汤结痂干燥后，用铁片轻刮，油污就会随米汤结痂一起除去。如用较稀的米汤、面汤直接清洗，效果也不错。

（5）在刷子上挤适量的牙膏，然后直接刷洗瓷砖的接缝，再把蜡油轻轻地涂抹在瓷砖接缝处。

（6）洗餐具最好先用纸把餐具上的油污擦去，再用热水洗一遍，最后才用较多的温水或冷水冲洗干净。

书画阅读作品　杨茜

养成绿色出行的好习惯

人们在日常出行时产生的碳排放，主要来自于使用交通工具，特别是含碳化石燃料燃烧产生的碳排放，例如汽油、柴油、液化石油气（LPG）、液化天然气（LNG）等。每升车用汽油和柴油燃烧分别要排放2.4千克和2.8千克左右的二氧化碳，每升液化石油气和液化天然气燃烧产生的碳排放量分别为3.3千克和2.3千克左右。

因此，我们在日常出行时，也应考虑如何低碳，养成绿色出行的好习惯。

 骑自行车出行

曾几何时，自行车是我国居民的主要的出行工具，浩浩荡荡的自行车大军成为我国城市的一道亮丽的风景线。改革开放以来，随着人民生活水平的普遍提高，过多的机动车穿梭在各种道路上，自行车仿佛完成了它的历史使命，慢慢地淡出了我们的视线。

然而，随着机动车数量的迅猛增加，道路拥堵问题、环境污染问题接踵而至，俨然成为很多城市尤其是一线城市亟需医治的"城市病"。于是，我国很多城市发出"倡导绿色出行，建设低碳城市"的倡议，号召市民骑自行车出行。为了方便市民出行，解决"公交最后1公里"的问题，很多城市开始试行推广建设"公共自行车出行系统"。该系统通常以城市为单位进行部署、建设，由数据中心、驻车站点、驻车电子防盗锁、自行车（含随车锁具、车辆电子标签）及相应的通讯、监控设备组成，是城市公共交通的组成部分。

公共自行车管理单位向居民发放借车卡，用户在站点刷卡借车，到达目的地后，将车归还到就近的站点。可根据使用时长和一定的计费标准收取一定的使用费。

公共自行车作为大城市公交系统的重要接驳工具和中小城市的重要出行工具，可以配合地上和地下的公交及地铁系统，满足城市出行者的不同需求，使城市公共交通的综合出行率达到一个较高的水平。

目前，作为城市公共交通的组成部分，公共自行车这种"绿色、时尚"出行方式已经被越来越多的市民所接受，也被誉为"绿色出行"。公共自行车可以为居民和旅游者提供便捷的绿色出行方式，最大限度地缓解道路交通拥堵问题，提高城市交通的整体运行效率。同时，骑车还有助于强身健体，增强体质，陶冶情操，可谓一举多得。

骑电动自行车出行

电动自行车（即电动车）经济实惠，而且快捷方便，是现代人们短途出行的首选交通工具。虽然电动车运行所生成的二氧化碳排放量远远低于汽车，但其消耗的电能与为此排放出来的二氧化碳也绝对不能小觑。据统计，一辆普通的电动车每次充满电都需要消耗1～2度的电能，而目前中国约有1.2亿辆电动车，可想而知，它们消耗电能的数字很是惊人。因此，我们应掌握电动车的保养之道，减少电能消耗。

（1）正确的骑行习惯。这对电动车保养的好坏与省电与否起着至关重要的作用，可以延长电动车的骑行寿命以及做到节能省电。除应保持匀速行驶之外，良好的骑行习惯还有很多，比如，尽量避免急刹车，因为频繁的急刹车会直接影响到刹车灵便度，耗费大量电池容量；不可在停车状态下直接加大马力启动电动车，也不可在载人、上坡时瞬间放大电流强制前行，这样都会损害电池极板的物理性能和影响使用寿命。因此，在一些前进有阻力的情况下不可强制增加马力，要善于用脚

书画阅读作品　王召利

踏的方式助力。总之，正确的骑行习惯就是要善待电动车，不可强制增加马力与频繁对电池造成冲击性伤害，这样，才能在延长电动车使用寿命的同时最大限度地降低电能的消耗。

（2）合理保养电池。这会直接影响到电动车的骑行寿命，所以合理保养电池不单单能将省电进行到底，更能起到保养之效。合理保养电池首先要掌握好充电时间与充电次数，充电次数不可过于频繁，一般以放电深度为60%～70%时充一次电最佳，在充电完成后要及时切断电源，避免伤害电池与浪费电能。其次要注意充电的环境，目前大多数充电器都没有自动适应环境温度的系统，所以尽量将充电环境调制为25℃左右，这样就可以保护好电池，避免出现冬季欠充电和夏季过充电的问题。最后注意在长期不使用电动车时，要将电池中的电充满后再存放，同时也要保证一个月充1次电，防止电池出现亏损。掌握了这些要点，基本上就可以做到省电以及延长电池与电动车的寿命。

 ### 路远时选择轨道交通工具

乘坐交通工具，路越远，能源消耗也越大。选择能源消耗小的公共交通工具，等于减少了碳排放。有人计算，如果要去8千米外的地方，乘坐轨道交通工具可以比乘汽车减少1700克的二氧化碳排放量。开车出门的朋友，行驶1千米大约会排放0.22千克的二氧化碳。因此，在外出时，我们可以优先考虑乘坐轨道交通工具。没有急事，能不开车尽量不开车。

 ### 选择低碳汽车

汽车的碳排放主要来自燃料的消耗，因此选择低碳燃料可以显著降

低碳排放量。如，选择电动汽车或者选择混合动力汽车等。

除了燃料的燃烧，汽车的大小、外形、内饰等也会影响碳排放量的多少。一般来说，家用中小型汽车比运动型汽车和跑车都省油，大型SUV汽车和豪华汽车的二氧化碳排放量则比其要高出一倍以上；在外形上，选择造型圆润流畅的车型，车身风阻系数小，油耗会显著下降；选择较浅的车身颜色和内装饰颜色，可以减少车内热量的吸收，降低空调负荷，从而降低油耗和二氧化碳排放量。

养成低碳驾车习惯

由于各种车辆的耗油量不相同，因此碳排放量也会有差异。但即使是同一辆车，也会因为司机驾驶习惯的不同，导致耗油量和碳排放量不同。驾驶员如果做到以下几点，将会减少油耗和降低碳排放。

（1）避免冷车启动和突然加速。驾车时匀速行驶，避免急踩刹车和猛踩油门等，这样可以减少油耗，降低碳排放。

（2）减少怠速时间，避免过分使用空调。汽车怠速空转、空调过分使用都会增加油耗和碳排放。交通堵塞时，停车即熄火，可减排约40克二氧化碳；夏天刚上车时先开窗让车内热空气散去，再关窗开启空调，并尽可能将车停放在阴凉处。

（3）选择合适的车速与挡位。市区行驶时速40～50千米、高速公路行驶时速90千米最省油（高速行驶时，90千米时速较110千米时速省油20%左右）。上下坡时应考虑汽车的负重和路面的斜度，避免一次耗油过多。下坡时选择低速挡辅以制动，可以减低对制动的损耗。

（4）高速行驶时不要开窗。高速行驶时关上车窗，可以减少风阻，节省汽油。

（5）避免车辆超载。超过汽车额定载重量，每增加1千克的负荷，每千米将增加0.01升的油耗。

 **步行更低碳**

随着楼房越盖越高，大型商场越来越多，电梯成了人们生活中必不可少的一部分，上楼不用爬楼梯了，逛商场也可以省很多力气。电梯的使用虽然方便了人们的生活，但是频繁地使用电梯，能源消耗越来越多。因此，我们应尽量少用电梯。电梯给人们的工作和生活带来了极大的便利，但电梯耗费的电和排放的二氧化碳人们不能视而不见。一台20层的电梯，连续运转1小时就要耗电20度左右，每一层停下和重新启动都会更耗电。

（1）有电梯的楼层住宅可以采取奇数层和偶数层隔天轮流停的办法，例如，星期一、星期三、星期五在奇数层停，星期二、星期四、星期六在偶数层停，而周日层层停，让人们也活动活动腿脚，对于女性来说，这也是一种很好的健身减肥方式。当然特殊情况例外。

（2）住在低楼层的，无特殊情况不乘电梯走楼梯；住在高层上下楼时，也可伺机走一段楼梯乘一段电梯；尽量避免单人乘梯。

每走一步就是在减少二氧化碳，希望每个人一步一步践行低碳。

书画阅读作品　唐小莉

第六章

智慧，让生活更美好

　　真正溢彩的女性，应该是恬静而善良，包容而充满智慧。女性的智慧不仅体现在交际、爱情、婚姻和事业上，更体现在日常生活的细节中。

　　现代人的生活和工作忙碌而紧张，拥有居家生活智慧以及平衡家庭与事业的智慧，让家庭更和谐，让生活更美好！

营造舒适的港湾

家是人们休憩的港湾，一个温馨、舒适的家，给人以幸福的感觉，美的享受。家居环境是否清洁卫生，直接决定了家的舒适程度。营造出一个清洁卫生、舒适的家居环境，让家庭成员在这里得到充分地休息和放松，是每一位拥有家庭的女人的美好心愿。其实，营造一个温馨的家并不难，只要你用心去经营，去管理，那么，你便会如愿以偿。

 ## 合理布置居室

人的一生有2/3的时间是在室内度过的，而其中大部分时间又是在家中度过。为了营造舒适的家居环境，要先从合理布置居室开始。

居室布置以清静、方便、舒适、安全为原则。

（1）巧妙利用居室空间。作为一个营造家庭氛围的主妇，如何能让有限的空间充分发挥作用，增加空间的实质用途和含量，是每一位家庭主妇所应该考虑的问题。尤其是对于很多小户型的房屋来说，节省空间就等于增加了房屋的面积，是一个一举两得的事情。

首先，要本着精简的原则。将室内的陈设尽量简化，使用简单设计的家具和装饰，一切以实用和小巧为主，无形当中扩大了空间面积。

其次，要巧妙构思。同一个空间可以做多种用途，比如餐厅和客厅可以合为一体，书房和卧室可以合二为一等等。

最后，要注意利用边角和顶层的空间。

总之，对空间利用最好的原则是顺其自然，而不必去刻意追求它的某种功能。

（2）合理摆放家具。家具是房间布置的主体部分，对居室的美化装饰影响极大。家具摆设不合理不仅不美观而且又不实用，甚至给生活带来种种不便。

家具按区摆置，房间就能得到合理利用，并给人以舒适清爽感。高大的家具与低矮的家具还应互相搭配布置，高度一致的组合柜严谨有余而变化不足，家具的起伏过大，又易造成凌乱的感觉。所以，不宜把床、沙发等低矮家具紧挨大衣橱，以免产生大起大落的不平衡感。最好把五斗柜、食品柜、床边柜等家具作为高大家具，低矮家具为过渡家具，给人视觉由低向高逐步伸展的感觉，以获取生动而有韵律的视觉效果。

总之，家具的布置应该大小相衬，高低相接，错落有致。若一侧家具既少又小，可以借助盆景、小摆设和墙面装饰来达到平衡的效果。家具最好是整套选择，使你的家庭有一个整体的美感，也能体现你们的欣赏风格。当然，家具的选择首先是实用。

（3）巧妙布置装饰品。在家居装扮中，适当地布置、摆放一些装饰品，不仅能够增加家居的情调，更能够提升家居的温馨气氛，让家居空间增添色彩和魅力，让你的家庭顿时增色不少，为你营造一个温馨舒适的家居环境助一份力。同时，选用适宜的装饰品，也能显示出女主人的聪慧和格调，让人们对女主人产生良好的印象。

家居装饰品种类繁多，有装饰画、像框、工艺品、珠帘和布艺等等，女性朋友可以根据自己的需要进行选择。

（4）选择合适的色彩。色彩的多样能够为家居带来焕然一新的变化。色彩以简洁、明亮及令人感觉欢乐的为主。可以选择一种色彩作为主导色彩，只是整体上追求一种轻盈、舒适、适合放松休憩的家居环境，从而表达出乐观、向上、积极的生活态度。例如红色、橘色、黄色、金色、紫色、粉红色等。

除此之外，现在由一种或者多种单色调配而成的色彩因其多元化和深度而取代单一色彩的位置，成为新的时尚潮流。例如用紫色和粉红色结合而成的玫瑰色，或者将蓝、绿等颜色加入灰色中调配出的灰蓝、灰绿色等。深色系将暂时缺席，而给人清爽、宁静感觉的浅色调将大行其道。当然，这只是专家眼睛里的家居色彩趋势，对每个人来说，你喜欢的便是最适合的。

保持居室清洁卫生

家居环境是否清洁卫生，直接影响家的舒适程度。因此，应注意以下两点：

（1）经常开窗通风，保持室内空气清新。专家们研究发现，室内污染程度通常是室外的5～10倍，严重的达100倍。有调查表明：人体有约

68％的疾病与室内污染有关。尤其是在冬春季，感冒等上呼吸道疾病增加的原因之一，就是由于室外气温降低，人们待在封闭空间里的时间大大增加，与吸入过多被污染的空气有关。

紧闭门窗的房间，都有一股特殊的气味，这就是房间内空气污染、氧气不足的表现。科学家曾对室内尘埃进行测定，发现尘埃中90％的成分竟是人体皮肤脱落的细胞。另外，经汗液蒸发的尿酸、尿素、盐分、皮脂腺的分泌物等，都可从皮肤散发到室内空气中。

正常成年人每分钟要呼吸16～18次，在呼出的气体中，二氧化碳占4％，加上空气中本身就含有一定量的二氧化碳。人们每天通过吐痰、咳嗽、打喷嚏等，也会排出大量细菌、病毒等微生物。这些细菌、病毒弥散在空气中也会造成污染，增加人体患呼吸道疾病的机会。

现代建筑和室内装饰中，大量采用化学构件、装饰材料、防水材料。这些材料中，不同程度地含有对人体有害的毒性物质，如聚氯乙烯、聚乙烯、铅、石棉、甲醛和酚等。它们会通过呼吸和皮肤接触进入人体。

自然通风是家庭中最简便、最经济的改善空气质量的办法。开窗通风使空气对流，室外的新鲜空气进入室内，对空气中的微生物进行稀释、清除，可显著减少室内微生物数量。

开窗通风的最佳时间是：以上午9∶00～11∶00或下午2∶00～4∶00为佳。因为这两个时段内，气温已经升高，沉积在大气底层的有害气体已经散去，开窗换气效果较好。

通风的时间长短可视室内温度和空气流动情况而定，时间越长越好。

为了保持空气清新，擦地板的时候，要用湿式扫除法，少扫多拖，先湿后干。使用空调的房间更要注意通风，每小时开窗或开门一次。

室内养花有许多好处，可以净化空气。但是花草在夜间进行呼吸作

用时，也要吸收氧气，放出二氧化碳，所以卧室内不宜过量养花草。

（2）消除尘螨。尘螨是最常见的空气微生物之一，是一种很小的节肢动物。一般的情况下，难以用肉眼看见它们。粉尘螨和屋尘螨普遍生活在人类生活和工作的场所，以床罩、枕头、被褥、沙发、地毯、旧棉衣、毛衣和室内的灰尘中最多。在有空调的环境中也较多。在气温25℃左右和湿度为75%～80%的时候，尘螨繁殖较快。

尘螨可以引起哮喘病或过敏性鼻炎。这些病都是变态反应性疾病。

家庭中消除尘螨的方法，一是经常用吸尘器除尘；二是如果有支气管哮喘等变态反应性疾病，家里最好不要铺用地毯，因为吸尘器难以将地毯纤维深处的尘螨吸出来；三是能清洗的物品，应经常洗涤，可起到一定效果；四是经常通风换气，增加室内的空气流动。

 **巧妙布置餐厅**

餐厅的陈设既要美观，又要实用。非独立的餐厅的布置，应注意与厨房或客厅的设施格调相协调；若餐厅为独立型，其格局设计相对来说，自由度要大一些。

在照明上，餐厅宜采用带有自然光感的灯具，如低色温的白炽灯、奶白灯泡或磨砂灯泡，其光线不刺眼，比较亲切、柔和。也可以采用混合光源，即低色温灯和高色温灯结合起来用，效果非常接近目光。下罩式、多头型、组合型的灯具比较适用，灯具形态要与餐厅的整体装饰风格相符。

我国餐台多是正方形和正圆形的，因为中餐讲究共食制，也有人选择偏西式感的长方形餐台。一般来说，选择餐台餐椅要根据家庭需要具体而行，以舒适随意为佳，根据家人的数量来配置。

餐厅的软装饰，如桌布、餐巾及窗帘等，应尽量选用较薄的化纤类材料。花卉能起到调节心理、美化环境的作用，但也要与环境相符，通常长方形的餐桌，瓶花的插置成三角形，而圆形餐桌，瓶花的插置多呈圆形。

巧妙布置书房

书房是家人学习、工作的地方。一要清静，二要光线明亮，三要雅洁。

家具应以简洁、实用为佳。一方面要注意造型、质量和色彩，另一方面更需要考虑家具符合人体健康美学的基本要求。如在休息和读书时，沙发宜软直低些，使人体感到高度舒适。

书房色彩则因人因家而异。不过一般说来，学习、工作时，心态须保持沉静平稳，应避免强烈刺激，宜多用明亮的无彩色或灰棕色等中性颜色。

书房照明应有利于人们精力充沛地学习和工作，光线要柔和明亮，避免眩光。通常以局部灯光照明为主。一般台灯宜用白炽灯为好，瓦数最好在60瓦左右为宜。主体照明，可选用乳白色罩的白炽吊灯，安装在书房中央。

书房幽雅的环境还需要一些绿色点缀。可以在写字台或书架上放一两盆绿色植物，读书工作之余看几眼，无疑是调节疲劳视觉神经的好方法。

巧选衣服，妙搭配

对女性来说，衣着直接反映出我们是一个怎样的人。女性朋友们要懂得如何通过它向别人展现出自己独特的气质和形象。

一年四季，对于爱美的女性朋友们来说每天都想穿出美丽，穿出品味，穿出个性，穿出好心情。那么，如何选购服饰，既省钱，又能满足自己的对服饰的美丽诉求？如何搭配，既简单大方，又不失时尚美感？下面为女性朋友们介绍一些"巧选衣服，妙搭配"的方法。

 **聪明地买衣服**

女性朋友们往往对服装都各有所偏爱，问题是能否掌握选择服装的

技巧，使服装的款式、颜色、搭配与自己的年龄、职业、肤色、身材等相得益彰、协调一致。购衣的技巧与艺术决定了一个女人衣着服饰是否合体的主要因素。这就是为什么有些女性即使身材不占优势，但依然看起来装扮非常得体的原因。

　　每一位女性朋友都应该学会聪明地买衣服。这关系到如何看起来永远得体，光彩照人。下面同大家分享几点购衣技巧。

　　（1）根据年龄选择服装。少女应尽量避免选过于华丽的服装，如闪光面料制作的，或缀有过多装饰品的服装。中老年女性选购服装，在色彩上，不宜太纯，可选择明亮度的色彩如暖色中的土红、砖红、驼红、红棕色，冷色中有湖蓝、海蓝、偏蓝、墨绿等，或者一些高明度的色彩如蛋清、银灰、米色、乳白色、甚至黑、白、灰色也能组成非常和谐的色调。在款式上，不宜线条复杂，以简洁为佳；有适当放松度，不宜穿紧裹在身的服装。在面料上，趋向于含蓄、高雅、挺括，以中、高档为宜。

　　（2）根据肤色选择服装。面色红润者，适宜茶绿或墨绿色衣服，不适宜正绿色衣服，否则会显得俗气。面色偏黄者，适宜蓝色或浅蓝色上装，不适宜品蓝、群青、莲紫色上衣，否则会使面色显得更黄。面色不佳者，适宜白色衣服，显得健康，不适宜青灰色、紫红色服饰，否则会显得更憔悴。肤色黄白者，适宜粉红、橘红等柔和的暖色调衣服，不适宜绿色和浅灰色服饰，否则会显现出"病容"。肤色偏黑者，适宜浅色调、明亮些的衣服，如浅黄、浅粉、月白等色，可衬托出肤色的明亮感。皮肤偏粗者，适宜杂色、纹理凸凹性大的织物（如粗呢等），不适宜色彩娇嫩、纹理细密的织物。

　　（3）根据脸形选择服装。尽量避免任何一种与自己的脸型相同的领口。如果你是圆脸，应忌圆领口，应选V形领、翻领和敞领服装；如果是方脸，应选V形、勺形或翻领、敞领服装；如果是长脸，应选圆领或高领

口服装，选马环衫或有帽子的上衣。

（1）服装搭配的基本原则。

一般来说，上装颜色深重，下装颜色浅淡是不可取的，这会给人头重脚轻的感觉。如果上衣是格子图案或条纹图案，那么裙子最好不要采用同类图案，而应是单一的颜色。反之，如果裙子是花的，那么上身宜配素色小衫。

穿直筒上衣或宽下摆女式短上衣，最好不要搭配宽大的裙子。

如果穿运动衫，最好是穿一套，脚上也应穿运动鞋，这样才显得精神、协调。切忌上身穿制服，下面穿一条运动裤。

如果上身穿毛衣，那么下身的裤子或裙子也应是厚重质料，这样才搭配。

毛衣里面最好不要套绸料衣服，一是容易把丝绸衣服弄坏，二是与毛衣质感不协调，让人觉得很不舒服。

搭配袜子颜色最简便的办法，是使袜子颜色与肤色相近。

如果穿纤细小巧的高跟鞋，最好不要穿厚袜子；反之，薄袜子也不宜与球鞋、

书画阅读作品　戴凌雁

厚靴相配。

（2）色彩搭配的基本原则。

衣服颜色搭配最多用三种颜色，而且其中最好一个颜色是白色，不然就会显得不协调。若是两个强烈的色彩搭配，而且两色分量相同，搭配起来也很难达到美观的效果。最好是以其中一色为主，另外一色使用的分量少一点。

身材肥胖的人最好不要穿红色、黄色、白色衣服，因为明亮的色彩会给人一种扩张感，使本来就肥胖的身材显得更加肥大。

身材纤细的人也不宜穿色调深暗的衣服，因为深暗色调给人一种收缩感，会使身材显得更为纤细无力。

下肢较短的人应力求使上下装的色彩统一，而不要使上、下装的色彩对比强烈，否则，会使自己的弱点更加明显。

（3）肤色白皙的女性巧选服装颜色。

肤色白皙的女性不适合选择冷色调的衣服，不然脸色会显得苍白。这种肤色的女性最好选择蓝色、紫罗兰色、黄色、浅橙黄色、淡玫瑰色、白色或浅绿色等浅色调服装。

另外，肤色白皙的女性如穿深色调的黄色加上黑色或紫罗兰色的装饰色，或紫罗兰色配上黄棕色的装饰色也很合适，黄色部分应靠近脸部，否则皮肤就会显得过于暗淡。

肤色稍呈灰白色的女性，主色可选择紫罗兰色、灰绿色、棕色或黑色，外加一点黄色。

（4）肤色黝黑的女性巧选服装颜色。

肤色黝黑的女性适合选择暖色调的弱饱和色服装，也可选择纯黑色服装。这种类型的女性可选择三种颜色作为调和色，即白、灰和黑色。主色可选择浅棕色，以绿、红或紫罗兰色作为补充色。紫罗兰色配上黄色、

深绿色或红棕色，深蓝色配上黄棕色或深灰色都可以。此外，略带浅蓝、深灰二色，另配上鲜红、白、灰或黑色也比较适宜。

如果肤色黝黑的女性穿上黄棕色或黄灰色衣服，脸色就会显得明亮一些。如果穿上绿灰色的衣服，脸色就会显得红润一些。

肤色黝黑的女性要避免娇嫩的颜色，如浅玫瑰紫色、亮橙色、强冷色、纯白色、黑灰色和所有的淡色，尤其是属于冷色调范围的淡色。

（5）肤色红润的女性巧选服装颜色。

肤色红润的女性适合穿微饱和的暖色衣服，也可穿淡棕黄色、黑色加彩色装饰，或珍珠色，用以陪衬健美的肤色。黄色镶黑边的衣服衬这类女性最为相宜。如选择蓝色或绿色，那么，就应选择饱和程度最大的颜色。

肤色红润的女性不宜穿紫罗兰色、亮蓝色、浅色调的绿色和纯白色的衣服，因为这些颜色会使脸色显得过红。

（6）衣领与脸型巧搭配。

圆脸型应选用马蹄领、V形领衣服，以使脸型显得长些，不宜选用大圆领。长脸型应选用圆形领、高领、六角领、一字领等，在视觉上有缩短脸部的作用。方脸型应选用细长的V形领、小圆领、西装领或高领，以增加脸部的柔和感。三角脸型应选用秀气的小圆领或缀上漂亮花边的小翻领，以使脸部看起来较为丰满；也可选用细长的尖领或大敞领，使脸部显得不那么尖。

（7）巧用服饰掩盖缺憾。

脸盘太大的女性通常脖子也比较粗，这种人适合穿V形领的服装，使面部和脖子有一体的感觉，造成纤细的效果。相反，如果脸形太窄，则应选穿能强调面部和脖子的衣服。

胸部太大的女性可选用没有光泽而又具有弹性的布料，光泽容易引人注目，应避免丝质衣料服装。

胸部太大的女性也可选择深色系装束。万一服装色调太亮，可利用饰品转移别人的视线。

胸部较小的女性，宜选开细长缝的领口和横条纹的上衣。

手臂太粗的女性，只要衣服袖子宽度够，尽管放心穿，唯一要避免的是布料和袖口都极贴身的衣服。

宽肩的女性特别适合穿外套，夏天试试穿削肩设计的服装，效果相当不错。

腰粗的女性，应选择宽松的腰部设计，把上衣放在外面。不宜穿有松紧带的裙子，以免看起来更胖。

臀部太大的女性，应选择柔软的面料，避免裁剪夸张的样式，颜色以深色为宜。如果衣料本身有图案，使用斜裁效果为佳。

小腹突出的女性，可以尝试直线条的、在小腹一带裁开的西装。裙腰使用松紧带，造成腰部蓬松的感觉。选择弹性良好的麻质布料比较合适，应避免柔软的布料。

腿粗的女性，应选择有蓬松感的裙子，宽大的裤子效果也不错。最好避免百褶裙，以免显露腿粗。

腿较短的女性，穿裙装时，选择高腰设计加上宽腰带，长裤则应和上装同色。

书画阅读作品　优秀奖　范闻娟

轻松清洁护理衣物

　　爱美的女性都爱干净，尤其是对衣物的要求更高。可是有些衣物不好清洁和护理，掌握衣物清洁和护理的妙招，可以让我们穿出美丽，穿出好心情。

 巧去衣服污渍

　　一件漂亮的衣服，一旦弄上污渍，很不美观。怎样才能既省事又不损坏衣服，迅速地去掉污渍呢？下面介绍几种比较简单的方法。

　　（1）油渍。在油渍上滴上汽油，待汽油挥发完后，油渍也会随之消失。把酒精或食盐溶液抹在油污处，也能把油污除掉。如果是熟食油（菜

汤油等）弄脏了衣服，用温盐水浸泡后，再用少量洗衣液搓洗便可除去。另外，在油渍处放上吸墨纸，用电熨斗烫，这样油渍遇热可以蒸发被吸墨纸吸收。

（2）汗渍。洗有汗渍的衣服，可先将衣服浸在10%的盐水里搓洗10分钟，然后用清水漂洗，再擦上洗衣液搓洗，就可以除掉。在清水中加入20～30滴10%的氨水，搅拌均匀，然后将有汗渍的衣服放入反复揉搓，再用清水漂洗，汗渍也可以很快消失。

（3）化妆品污渍。先用氨水擦洗，然后用水洗净，再用浓度为3%的双氧水溶液擦洗。各种化学香膏污迹可用甘油除去，最后用水刷洗。用酒精或汽油擦，然后用清水洗净。香水渍用温水加洗衣液揉洗，也可用浓度为10%的酒精溶剂擦洗。如果是白色织物沾上香水渍，应考虑漂白。

（4）果汁液渍。新染上的果汁渍可用食盐洗掉，也可用温水和洗涤剂洗去。如果染上的时间较长，可用氨水冲洗或用双氧水擦掉。

（5）牛奶渍。不宜用热水洗，新渍可用清水洗；陈迹先用洗涤剂搓洗，后再用淡氨水洗。

（6）果酱渍。浸水后，先用洗发露刷洗，再用洗衣液搓洗。

（7）番茄酱渍。除番茄酱渍可将干的污渍刮去后，再用温水浸泡一会儿，最后加洗涤剂洗净。

（8）酱油渍。新渍用冷水搓洗，然后再用洗涤剂洗除；陈迹应在洗涤剂中加入适量氨水洗除，也可用2%硼砂溶液来洗。丝毛织品可用10%柠檬酸来洗。

（9）醋渍。撒上少许白砂糖，用温水漂洗，必要时，再用加氨水的皂液或肥皂的酒精溶液搓洗。

（10）菜汤渍。可先用汽油除污处，用双手揉搓，再用稀氨水溶液涂于污处，揉搓至污渍除去为止，再用洗衣液揉搓，然后用清水漂洗。

（11）墨水污渍。当墨水污染衣服后，马上脱下来，浸泡在冷水中，然后擦上洗衣液，就可以洗去。如果染上墨渍时间过久，可以用氨水或碱溶液浸泡片刻，立即用水冲洗，即可去掉。此外，还可以在墨渍上放些饭粒，在水中搓洗，然后用洗衣液搓洗，便可除掉。

（12）茶渍。茶渍可以用水冲洗（蓝黑色衣服除外），旧茶渍可以用浓食盐水浸洗。

（13）血渍。因血液里含有蛋白质，蛋白质遇热则不易溶解，因此，去血渍不可用热水。如果在血渍处滴上几滴双氧水（药店有售），或是用白萝卜汁刷洗，也可以很快将血渍除掉。

（14）铁锈渍。用一匙草酸，放入盆中，再倒入一杯热水，使草酸全部溶解，然后再加入半盆温水，将有铁锈的衣服浸入，约10分钟后取出，铁锈渍即可消失。然后再用洗衣液擦洗一下，并用清水冲净，衣服便可恢复原来的样子。

（15）油漆渍。新渍可用松节油或香蕉水揩去拭污渍处或者用松节油擦，然后再用汽油擦洗；陈迹可将污渍浸在10%～20%氨水或硼砂溶液中，使油漆溶

书画阅读作品　江佩玲

解再刷擦污渍处。

（16）鞋油渍。可用汽油揩擦，然后再用含氨浓皂液洗除。

（17）霉斑渍。新霉斑先用刷子刷清，再用酒精洗除；陈霉斑则用淡碱水搓洗。毛丝纤维可用温度为60℃，浓度为10％的柠檬酸溶液来洗。

（18）青草污渍。用加盐溶液的热肥皂水洗除。

（19）膏药渍。先用汽油或煤油刷洗（也可用酒精或烧酒搓擦），待起污后用洗涤剂浸洗，再用清水漂清。

巧洗白色衣服

许多女性朋友喜欢穿白色衣服，但白色的衣服清洗起来却有一定的难度。不过，下述方法可以帮我们洗净白色衣服。

（1）在温水中加入适量的洗衣液，将白色衣服单独放入，在较脏的地方倒一点衣物柔顺剂。

（2）浸泡10～20分钟后，轻轻搓洗，注意要仔细搓洗领口和袖口。

（3）用清水漂洗时，在水中加入少量牛奶，这样清洁起来更加容易。

巧洗丝袜

丝袜是女性朋友的必备物品之一。丝袜穿起来美，却难保养。正确的洗涤方法可以延长丝袜的寿命。

（1）准备一瓶中性洗涤剂，因为碱性的洗涤剂容易腐蚀丝袜的纤维组织结构。

（2）将丝袜浸泡在加有中性洗涤剂的水中，浸泡3～5分钟。

（3）用手轻轻揉搓丝袜，反复搓洗后，再用清水冲洗干净。

 **巧洗白袜子**

（1）在热水中放入2片柠檬，再把袜子浸10～15分钟，然后再洗，即可使其洁白如初。

（2）将白袜子放入溶有少量小苏打的水中，浸泡5分钟后再洗，则洗出的袜子将会洁白柔软。

 **清理白皮鞋**

很多女性喜欢穿白皮鞋，尤其是炎炎夏日，看起来既清新又高雅。可是白皮鞋的清洁和保养比较困难。不妨试试以下小窍门，让我们尽情穿出美丽，无后顾之忧。

（1）用一块湿布将皮鞋表面的灰尘擦拭掉。

（2）用橡皮将湿布清不掉的污渍轻轻擦拭，污渍深的地方多擦几次。

（3）在橡皮也擦不掉的污渍处，涂上薄薄的牙膏，然后用抹布擦。

（4）擦干净后涂上鞋油，再用蜡纸进行擦拭后放在阴凉通风处干燥即可。

清洗羽绒服

清洗羽绒服可按下面三个步骤来进行：

（1）把羽绒服浸泡在清水中约15分钟。取中性洗衣液少许，用少量温水溶化（水温以30℃为宜），再逐步加水，适量为止。把浸泡在清水中的羽绒服取出，挤出水分，再放入洗衣液中浸泡20分钟。

（2）轻轻揉搓羽绒服，使表面污垢溶解下来，也可将羽绒服平铺在洗衣板上，用软刷子轻轻刷洗。领口、胸前、门襟、袖口等易脏处，可打上少量肥皂。忌用碱性较重的肥皂清洗，以免对羽绒造成损害。将羽绒服表面污迹去除之后，用清水漂洗数次，在最后漂洗时，水中可滴入1～2滴食用白醋，这样可以使羽绒服保持色泽鲜亮。在清洗过程中不要用力揉搓，也不要用洗衣机搅洗。

（3）将清洗完的羽绒服平摊在洗衣板上，用手挤压掉水分和气体，再用干毛巾将衣服包裹起来，轻轻挤压，然后挂在阴凉通风处吹干，干后用竹条轻轻拍打，使其恢复蓬松状态。

书画阅读作品 刘芳

 巧洗牛仔服

许多牛仔服在清洗时都容易掉色，在第一次洗刷之前，为防其掉色，可把它浸泡在较浓的盐水中，过一个多小时再洗。

如果以后还轻微掉色，那么每次洗刷之前都先在盐水中浸泡，这样才不至于在短期内失掉它原来的颜色。

 巧洗羊毛衫不缩水

羊毛衫如果洗不好容易缩水变形，穿在身上感到紧绷，失去了原有的美感。因此，洗羊毛衫时应注意以下几点：

（1）水温最好在30℃左右，洗涤时用手轻轻挤压，切忌用手搓、揉、拧，更不能使用洗衣机洗涤。

（2）应用中性洗涤剂，不宜使用碱性太强的洗涤剂和肥皂。使用时，洗涤剂不能放得太多，否则，既洗不平整，又容易缩水，应严格按照说明放洗涤剂，一般水和洗涤剂的比例为100∶3或者100∶5。

（3）在洗涤液中挤压或者轻轻甩动羊毛衫，使衣物上的污渍除去，然后用清水慢慢冲淋衣物，以确保衣物上没有残留下洗涤剂。洗好以后，用一块干净的干布将羊毛衫整齐地包起来，然后轻压干布让其将羊毛衫中的水分吸净，也可将羊毛衫用布包好放入洗衣机中脱水，但脱水时间不宜过长，以防止羊毛衫缩水变形。

（4）洗净脱水后，应将羊毛衫放置通风处展开晾干，不要挂晒，以免羊毛衫变形。

巧让缩水羊毛衫复原

要想使羊毛衫复原，就要使收紧的羊毛纤维重新松动。

（1）用一块干净的浅色白布将羊毛衫包裹起来。

（2）放进蒸锅里蒸10分钟后取出，稍用力抖动，再把它拉成原来的尺寸。

（3）最后将羊毛衫平放在薄板上，晾于通风的地方即可。

巧去衣物的霉味

在一盆清水中加入两勺白醋和半袋牛奶，把发霉的衣服放在这种特别调配的洗衣水中浸泡10分钟，让醋和牛奶吸附衣服上的霉味，然后轻轻冲洗、揉搓，最后用清水冲洗干净，霉味就没有了。

还可以试试用吹风机去霉味的办法：把衣服挂起来，将吹风机定在冷风挡，对着衣服吹10～15分钟，让风带走衣服的霉味。

巧除衣服的"脱水褶皱"

衣服脱水时间太长，或脱水后放在洗衣机里的时间太久，就会出现明显的褶皱。其实消除褶皱很简单，使用一点小技巧就可以了。

（1）将衣服从洗衣机拿出后用力将衣服抖一抖。

（2）将衣服晾在衣架上，使衣服展平。

（3）用喷壶往衣服上喷水，并用手拉直褶皱，这样就可消除褶皱了。

巧洗化妆包

（1）取少许洗衣液加适量的温水溶解。

（2）将化妆包放入水中，浸泡5分钟左右。

（3）用牙刷轻刷化妆包的表面，污渍深的地方稍微用力一点。

（4）最后再用清水清洗干净，放在阴凉通风处晾干即可。

智慧美容，科学瘦身

　　爱美之心，人皆有之。对于美丽，似乎很少有女人能够抗拒它的诱惑。

　　美丽的外表虽然不是女人的一切，但是却能带给她们强烈的优越感和自信心，能够为生活增添更多的色彩。

　　爱美是女人的天性。大多数女性朋友都热衷于美容瘦身，但美容瘦身需要智慧，不可率性而为，盲目跟风。

 保养你的肌肤

　　肌肤是人体最美丽的外衣，水嫩白皙的肌肤胜过任何华丽的服装和

饰品，是女性最好的装扮。女性是否靓丽，从肌肤上反映的最直接。一个肌肤美丽的女性，无疑是楚楚动人的雕塑。因此，应重视对皮肤的保养。

（1）避免多晒。生命离不开阳光，但阳光晒得过多对皮肤也是不利的。它首先会将皮肤内的水分蒸发，妨碍真皮中胶原纤维的生成，促进皮肤老化，失去弹性，出现皱纹。其次，多晒还会使皮肤变黑，这与皮肤抗外来损害的本能有关，皮肤中的色素颗粒有防御紫外线刺激的作用，为阻止紫外线的照射，大量的色素颗粒就会集中到表皮，使肤色变深变黑。另外，雀斑、黄褐斑、皮炎等皮肤病，均会因日晒过多而诱发或加重。因此，夏季外出应戴太阳镜、草帽或打遮阳伞，暴露的面部、手部等处要涂上防晒霜。如果暴晒后皮肤发红感到疼痛，要用冷水浸过的毛巾敷于创面。严重时还可把黄瓜切成薄片敷在皮肤上，以消除日晒引起的皮肤疼痛。

（2）调理饮食。皮肤的健美离不开合理的膳食，以保证充足的营养。要想延缓皮肤的衰老，就应保证摄取足够多的蛋白质、脂肪、维生素、水等皮肤所需要的营养素。另外可多食具有补益皮肤、健美皮肤作用的食物，如黄豆、猪皮、鸡蛋、牛奶、大枣、百合、冬瓜、水果等。这些食物含有丰富的蛋白质和维生素、微量元素，能调节血液和汗腺的代谢，改善体液的酸碱度，可使皮肤红润光泽、美丽水嫩，延缓老化。

（3）适度沐浴。经常沐浴，可保持皮肤清洁卫生，是预防皮肤衰老与疾病的重要办法。但是，老年女性应注意不宜洗澡过频，过多地洗掉皮肤表面的脂类薄膜，皮肤失去滋润会变得干燥、瘙痒。老年女性洗脸、洗澡之后，可擦些润肤油脂等，以滋润肌肤。

（4）合理使用化妆品。合理使用化妆品，有助于美化容貌及保护肌肤，但如使用不当，则反而伤害肌肤。化妆品皮炎就是与使用化妆品不当有关的一种皮肤病。因此，应根据每个人具体的皮肤性质，选择合适的化

妆品。

油性皮肤，皮脂分泌多，化妆时需选用含油脂较少的化妆品，如奶液化妆水、雪花膏一类。干性皮肤，应采用混合的富含油性的化妆品，避免使用肥皂等碱性洗面剂。中性皮肤，化妆品选择范围较大，一般的养肤护肤的膏、霜、乳液均可选用。但应注意季节的变化。夏季可选用清爽、含油成分稍低的乳液，而秋冬季，可选用保温滋润油分稍高的霜类、膏类护养品。

值得注意的是，敏感性皮肤的人，往往对很多化妆品都有不同程度的过敏反应，尤其对药物化妆品反应明显，轻者红肿发痒，重者有刺痛感，有的还会引起皮肤粗糙和皮屑脱落现象。这一类型的皮肤最好选择中性护肤霜，切忌用碱性强的肥皂洗脸。

书画阅读作品　刘洋

（5）保持心情舒畅。俗话说，笑一笑，十年少。快乐的情绪是永葆青春的最佳良方。开朗的性格、愉快的心情可以促进人体内分泌调节，舒张血管，改善血液循环，促进皮肤健美；而情绪忧郁、心胸狭窄往往会使人提早出现皱纹、黄褐斑等，正所谓"忧愁催人老"。

所以，要想延缓皮肤的衰老，必须保持心情开朗、情绪愉快。

（6）加强锻炼。适当运动可使全身血液循环加速，皮肤血管充盈顺畅，大量的营养和氧气被输送至皮肤细胞。运动锻炼时流汗则有利于废物排泄，皮肤温度升高则有助于胶原产生，促进皮肤新陈代谢，从而有利于防止皮肤起皱和过早老化。

（7）经常按摩。按摩可以使皮肤温度升高、血液畅通、新陈代谢旺盛，同时，也可以解除人体过度紧张和缓解疲劳，使皮肤显得滋润，皱纹减退。

呵护你的秀发

美丽从"头"开始，一头乌黑柔顺的秀发不仅仅是美丽的标志，也是健康富有活力的象征。为了拥有健康而美丽的秀发，养护就显得十分重要。

（1）正确洗发。如今，美发行业的火热让越来越多的人感受到了美丽发丝带来的自信与不凡。电视上频繁可见明星们光彩闪亮的秀发，身边女性的头上也有了更丰富的色彩和发型。其实，真正漂亮的头发来源于健康的头皮，可是，长久以来头皮的健康问题却常被人们忽视。

维护头发健康，洗发是关键。可能有人会觉得奇怪，洗发还用教吗？当然！洗发是护理头皮的基础。洗发的过程，有水温、洗发产品、手法等多种因素共同作用在头皮和头发上。如果方法不当，那头皮的健康怎能保证？没有了健康的头皮，头发自然会给你"颜色"看。

正确的洗发步骤与方法是：

①先梳头。洗发前，用梳子（最好是大齿梳子）将头发梳开，先从发梢开始梳，然后逐渐向上，最后从发根梳至发梢。如果头发打结，一定

要静下心来一点一点把头发梳开，千万不能拉扯头发，否则会对头发带来严重的伤害。这样清洗才不至于发丝相互缠结在一起，有利于洗后的打理，也有利于洗发用品的营养成分渗入发丝。

②清洗按摩。头发梳通后，先用约为38℃的温水彻底淋湿。一般洗发产品浓度过高而不宜直接涂抹于头发上，所以我们应先往手掌里倒入适量的洗发产品（可以根据头发长度来决定洗发产品数量），在手心把洗发产品揉搓起泡后再从发根至发梢均匀地抹于头上。之后，轻轻按摩头发，用手指的指腹以画圆圈的方式轻轻按摩头皮，这样不仅可以清除污垢，同时也可以促进头部的血液循环，增强头皮的健康。千万不要用指甲抓挠头皮，这样会严重损伤头皮，甚至还会带来头屑的烦恼；也不要用洗发水按摩头皮，那样会对头皮带来伤害，须用专门的预洗液来按摩。按摩完头皮之后再洗发丝，一边轻轻地揉，一边用手指顺着发丝往下捋。

③使用护发素。洗完头之后，可以使用护发素加强头发的护理。由于护发素主要是为发丝提供滋养，因此将护发素应抹于头发上而非头皮上，按摩时和洗头不同，只需用手指梳顺头发，然后用热毛巾包裹头发，时间长短按照产品说明来进行，最后用水冲洗干净，这样才能使护发素真正起到护发的作用。有些女性认为，护发素停留的时间越长，效果越好。其实，护发素停留的时间不宜太长，否则会损害头发。因此一定要遵照说明使用。

如果有条件的话，最后可以在盛水的盆中放几滴橄榄油，将头发浸入其中几分钟。这样有利于保护头发的湿度，而且头发清爽不油腻。最后可以将头发用冷水冲一下，这利于头发的生长，让头发保持一定的韧性。

④擦头发。擦头发看似简单，但是未必人人都做得对。有很多人习惯用毛巾使劲揉搓头发，这是不对的。正确的方法应该是将毛巾搭在头发

上，用手轻轻地按压，让毛巾把头发的水分吸干，千万不要用力。

⑤烘干头发。洗发后，不要急着把头发弄干，而是应该趁头发的湿度和热量还没有散发的时候，用毛巾将头发包裹住，20分钟后再放开。这样有利于头发营养的吸收，也有利于缓解头皮的紧张，对头发的养护非常重要。头发尽量让它自然风干，这对头发没有损伤。但是如果有紧急情况需要用吹风机的话，一定要保持10～15公分的距离。注意吹的温度不要太热，一般来说，吹干头皮就可以了，让头发自然干透。

⑥梳理头发。刚洗完头，自然要将它梳理一番，这时需要一把宽齿扁梳，不能太尖利，以免刮伤头皮。一般要选择牛角梳或者木梳，先梳左边，从发梢开始，一点点梳

书画阅读作品

三等奖　成文仙

开，最后梳头皮，接着，用同样的方法梳右边和后面。湿发时头发的毛鳞片都打开着，如果你很用力地用梳子拉扯头发或用毛巾使劲挤干水分，都极容易使本身脆弱的头发再受到更为严重地损伤，平时一定要避免这类现象的发生。

至于洗发的频率，应该根据每个人发质的情况而定。干性头发皮脂分泌量少，洗发周期可略长，一般7～10天洗一次为宜；油性头发皮脂分泌多，洗发周期略短，一般3～5天洗一次为宜；中性头发皮脂分泌量适中，一般5～7天洗一次为宜。此外，还应该按照季节的变化调整洗头的频率，如冬季人体油脂分泌较少，可以减少洗发次数，而夏季油脂分泌旺盛，就要增加洗发次数，春秋季节可以按照平时的频率进行。

（2）吃出一头秀发。头发与身体其他部位一样，每天也在进行新陈代谢。要使头发保持健康美丽，除了要做好梳、洗、理之外，还要注意供给头发充足的营养。

蛋白质是维持一头秀发的主要原料。饮食中蛋白质摄入不足，会使

书画阅读作品　优秀奖　祝荷叶

人营养不良。头发营养不良则毛根萎缩，头发变细，失去光泽，并容易脱发。因此，保证充足的蛋白质摄入，正常成人每天不少于70克，可以使头发生长良好。蛋白质在奶类、蛋类、瘦肉、鱼、豆制品中含量丰富。

维生素A和B族维生素也是维持一头秀发的重要原料。这是因为维生素A能维持人体皮肤和皮下组织的健康，缺乏维生素A会使皮肤下层细胞变性坏死，皮脂腺不能正常分泌，皮肤变得干燥、粗糙和角化，毛发生长不良甚至脱落。维生素A在动物肝、蛋黄、鱼肝油中含量丰富。另外，在胡萝卜、西红柿、油菜、玉米、黄豆中富含胡萝卜素，它在人体中能转变为维生素A供身体利用。B族维生素的主要生理功能是参与人体的物质代谢，如缺乏维生素B_1，会影响末梢神经的营养代谢，从而影响头皮的正常代谢，影响头发的生长。B族维生素在绿叶蔬菜、谷类外皮、胚芽、豆类、酵母中含量丰富。

微量元素与头发的健康亦不容忽视。碘是合成甲状腺激素的重要原料，甲状腺激素对头发的光亮秀美起很大作用，如果分泌不足则头发枯黄无光。因此，饮食中要适当吃一些海带紫菜、海鱼海虾等含碘较多的食品，能使头发滋润健康。锌参与体内多种酶的组成，缺锌是引起脱发的重要原因。锌在海产品、牛奶、牛肉、蛋类中含量较多，因此应该适当多吃这些食物。

此外，核桃仁和黑芝麻不仅营养丰富，还是养发护发的佳品，因此平时也应适当多摄入这两类食物。核桃仁能补气血、润肌肤、黑须发，可每天空腹吃4～5枚或制成糖酥核桃仁食用。黑芝麻有养血、润燥、补肝肾、乌须发的功效。可将黑芝麻洗净晒干，微火炒熟，碾成粉，配入等量白糖，每天早晚食用两汤匙即可。

总之，能使头发健美的食物很多，在日常生活中注意安排好一日三餐，饮食多样，荤素搭配，营养平衡，就能吃出一头秀发来。

拥有完美身材

随着时代的进步，人们对美丽的要求逐步升级。美丽不仅仅只是一张漂亮的脸蛋，事实上，曼妙玲珑的身材也是女性美丽的标准之一。完美的身材不仅能体现出女性曲线美，更能体现出健康之美，是每位女性的向往。

（1）吃出好身材。吃出好身材，是爱美女性赋予一日三餐的新内涵。可怎样才能如愿呢？下述两点可供参考。

一是首选深色蔬菜。在蔬菜的选择上，《中国居民膳食指南（2007）》推荐，每天应食用的300～500克蔬菜中，深色蔬菜最好达到一半。因为深色蔬菜维生素含量要比浅色蔬菜高很多。研究发现，消费量最多的前15位深色蔬菜和前15位浅色蔬菜相比，维生素C含量高出一倍，深色蔬菜能够保证维生素、膳食纤维，特别是水溶性纤维达到人体所需营养。目前中国人的饮食，蔬菜摄入未达标，水果摄入更是不到推荐量的1/5～1/4。

深色蔬菜包括：菠菜、油菜、冬寒菜、芹菜叶、空心菜、莴笋叶、芥菜、西兰花、小葱、茼蒿、韭菜、萝卜缨、西红柿、胡萝卜、南瓜、红辣椒、红苋菜、紫甘蓝等。为了最大限度地保留蔬菜的营养，新指南建议，烹调蔬菜应做到先洗后切、急火快炒、开锅下菜、炒好即食。

二是6000步＋合理饮水。你有多久没运动了？昔日大学操场上的矫健身影去哪儿了？我们每天的运动，一部分包括工作、出行和家务消耗体力的活动；另一部分是体育锻炼，两者都可降低发生心血管病等慢性疾病的风险。《中国居民膳食指南（2007）》建议成年人每天进行累计相当于步行6000步以上的运动，最好进行30分钟中等强度的运动。6000步并不一定非得真的要靠步行来完成，其中家务劳动等消耗能量的活动都能折算成"步"。

推荐一个换算标准：

身体活动6000步＝每日基本活动量（2000步）＋自行车7分钟（1000步）＋拖地8分钟（1000步）＋中速步行10分钟（1000步）＋太极拳8分钟（1000步）

每天足量饮水是新膳食指南增加的条目。

水是一切生命必需的物质，一个正常成年人每天应至少喝6杯水（不低于1200毫升）。饮水应少量多次，主动，不应感到口渴时再喝水。在早晨、睡眠前、午休后都养成习惯喝1杯水，这样能稀释血液。充足的水分还能让人体保持健康和活力。

除了喝的开水、茶水外，还要学会选择适合的饮料。挑选饮料主要看成分表，尽量选择营养密度高的饮料。比如含维生素、矿物质等营养成分丰富的饮料。

（2）运动出好身材。在追求"魔鬼身材"，崇尚"骨感美人"的今天，肥胖既影响健康，又破坏形象。随着肥胖者的日益增多，参加减肥运动的人群也在不断壮大。然而，不少减肥运动的参加者，或是跟风赶潮流，或是一曝十寒，或半途而废，没有将减肥运动坚持下去，也没有将其当做一种生活方式。

实践证明，防治肥胖症的最佳疗法莫过于运动。首先，减肥运动是通过消耗热量，将人体内的脂肪燃烧掉。可怎么烧？烧多少？又如何通过节食防止脂肪的再产生？却是一项需要定量控制的科研工作。其次，据计算，人要减肥1公斤，大约要消耗7千卡的热量。如果只是散散步、做做操或从事家务劳动等无氧运动，消耗的不过是刚吃进肚子里的热量而已。而要削减堆积在体内的脂肪，最有效的减肥运动就是参加有氧运动。

所谓有氧运动，指的是持续性、耐力高的运动，像慢跑、骑自行车、游泳等。而且，参加这类全身性运动，持续的时间应当超过30分钟。只有这样，才能达到扩张人体心肺，加速代谢，产生氧气来燃烧脂肪的效果。

因为，运动减肥的机理是：

人体运动主要能源来自于糖和脂肪。在有氧运动中，肌肉对血中游离脂肪酸和葡萄糖的利用增多，导致脂肪细胞释放出大量的游离脂肪酸，使脂肪细胞瘦小；同时也使多余的血糖被消耗，不能转化为脂肪。

人在体育运动时，肾上腺素、去甲肾上腺素分泌量增加，可提高脂蛋白酶的活性，加速富含甘油三酯的乳糜和低密度脂蛋白的分解，所以能降低血脂，使高密度脂蛋白升高，最终加快游离脂肪酸的作用。

书画阅读作品　汪沁

经常从事耐力运动的人，其肌肉细胞膜上的胰岛素受体敏感性提高，与胰岛素的结合能力增强，胰岛素对脂肪分解有很强的抑制作用，它能减少伴有儿茶酚胺和生长激素等的升高，最终加快游离脂肪酸作用。

肥胖者安静状态下代谢率低、能量消耗少。经过系统地运动锻炼，使机能水平提高，特别是心功能的增强、内分泌调节的改善，使肥胖者代谢水平提高，能量消耗增大。

肥胖者进行适宜强度的运动训练后，常发生正常的食欲下降，摄食量减少，从而限制了热量过多地摄入，使机体能量代谢出现负平衡，引起脂肪的减少。

总而言之，减肥运动的基本原则是：能量的消耗量要大于补充量。同时，运动科学的研究还发现，即使减肥成功，其限制高热量食物的摄入和运动仍应成为个人生活习惯的一部分，以保持一生的好身材，任何时候中止，都容易再度长胖。对肥胖者而言，减肥运动是一项只有开始没有结束的持久战。最好是每天固定持续运动一段时间，再加上营养均衡的低热量食物的饮食。因此，不管你是自愿或被迫，都要做好思想准备，即一旦参加减肥运动，就意味着改变原有的生活方式，必须持之以恒地坚持，将减肥运动进行到底！

事业与家庭两不误

女性在社会中角色的特殊性决定了女性不仅要在事业上打拼外，还要承担家庭的责任，如结婚生育、承担对子女的培养和教育、对父母的照顾等。因此，女性面临着事业和家庭的双重压力。

事业上的成功是家庭幸福的保障，而和谐、美满、幸福的家庭能促进我们更好地工作，从而获得事业上的成功。

许多女性渴望在攀登事业高峰的同时能成为好妻子、好母亲，走二者兼顾的道路，成为有孩子和家庭的成功职业女性。这两者就像天平两端的砝码，有一头偏沉，天平就会失衡，事业和家庭都会受到影响。事实上，我们没有必要把事业和家庭截然分开，相反，可以把二者有机结合起来。只要找到两者之间的平衡点，就能做到事业有成，家庭幸福，事业与家庭两不误。

那么，如何才能做到平衡家庭与事业呢？下述方法可供女性朋友们参考。

树立正确的平衡观

一份喜爱的工作，一个美满的家庭，是每位女性朋友都想要的两样东西。事业和家庭就像鸟的两个翅膀，能让我们飞翔出精彩人生。家庭和谐美好是事业成功的基础，事业的发展则能促进家庭的和谐美好。二者置于天平的两端，我们应找到一个平衡点，并且去维持平衡，才能求得家庭与事业共赢。怎样才能找到平衡点并保持平衡呢？女性又该如何平衡家庭和事业之间的关系呢？思想决定观念，观念改变命运。要实现家庭与事业平衡的梦想，方法是重要的，但更重要的是观念。只有树立正确的平衡观，我们的方法才能真正起作用，达到我们想要的效果。

树立正确的平衡观，首先应在思想意识上改变女人不可能家庭与事业兼顾的观念；其次应树立一个重要理念，那就是事业与家庭之间不是竞争关系而是互补的关系，不能把二者对立看待。事业是为了家庭，家庭是为了事业，二者相辅相成。因为家庭成员的支持我们可以不必一个人去面对事业，因为事业上的成功我们的家庭可以更加稳固。事业与家庭双赢，才是真正的成功女性。

俗话说，鱼和熊掌不可兼得。现代女性真的不能做到事业与家庭两不误，鱼和熊掌真的不可兼得吗？事实上，这个"魔咒"已经被打破。随着社会的进步，越来越多的女性更加注重和追求事业和家庭的兼顾与平衡，她们既不愿为家庭所累而平庸一生，又不愿为了事业而失去家庭的温馨。事实表明，很多智慧女性在事业与家庭之间保持着较好的平衡。她们

在事业上打拼的同时，很好地维持着家庭的和谐与温馨。可见，家庭与事业二者并非完全对立的，处理得当，鱼和熊掌是完全可以兼得的。

女性的成功，不但应该在事业上，还应该在家庭里，那就是为人女、为人妻、为人母的成功。女性若想拥有这样的成功，就要树立正确的平衡观念，再加之正确的方法，就完全有可能实现"鱼和熊掌兼得"的梦想。

制订科学的女性职业生涯规划

所谓女性职业生涯规划就是根据女性的性别特点以及家庭周期的特点来设计女性的职业人生。女性除了职业女性、子女及公民等角色外，更多了配偶及母亲的角色。由于时间和精力都相当有限，绝不可能让每个角

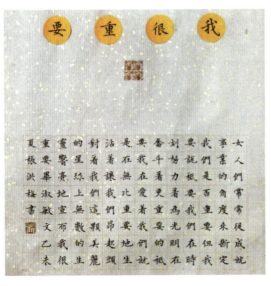

书画阅读作品　优秀奖　张洪梅

色都做得那么完美，因此应该有所取舍。我们要分析自己的生活和工作现状，制定科学合理的生活和工作目标，同时制定达成每个目标的时间表，合理安排自己的生活节奏，如结婚、生育、教育、升职、培训等，不同的人生阶段，其精力投入应有所偏重。具体实施中，找出目标和现状之间的差距，找出相应解决办法。这就是我们常说的人生设计与规划的内容，大凡成功的女性都有类似的设计与规划。

我们通常将女性的职业生涯归纳为三个阶段，其间会有"两个高峰和一个低谷"。一般说来，大学毕业后的6～8年左右时间，是女性的第一个高峰。这一时期，女性或者结婚或者未婚，但通常还没有孩子。在这一个高峰期间，由于年龄尚轻，阅历不丰，经验不足，很难获得事业的辉煌。所以，女性应在这一时期打下坚实的基础，做好第二个高峰期来临的准备。女性的第二个高峰期是36岁以后的10多年的时间。在这一时期，孩子基本上长大或者可以托人代管。此时，精力仍充沛，阅历已丰富，女性事业的辉煌通常在这一高峰期。在这个高峰期女性吸取了第一个高峰期的各种经验和教训，重新设计自己的职业发展道路。女性与男性不同，她们在工作上具有耐心、细致、谨慎等特质。女性凭借这些职业优势和自己努力，通常可以获得职业发展和成功。如果女性在这一高峰期未能获得成功，那么她在晚年取得成功的难度将大得多。因此，女性要清醒地意识到属于自己的两个高峰期，力争在两个高峰期间实现自己家庭和事业双赢。所谓女性的职业低谷在两个高峰之间，通常是生育、抚养孩子的8年左右时间。在此低谷中，有的女性从此不再跨入第二个高峰期，而安于贤妻良母的角色；而有的女性却是通过充电积蓄力量后勇敢跨入第二个高峰期，并在家庭和事业上均取得优异成绩。

对女性朋友来说，事业和家庭都需要经营和规划。做母亲、做妻子会给女性的职业生涯带来一定影响，但不是绝对的。如何把自己的事业和

家庭处理得更好，女性应学会及早制订个人职业生涯规划。通过职业生涯规划知道自己的总体目标和阶段目标，知道自己每一阶段的重点是什么，该放弃什么，从而实现家庭和事业的双丰收。也许30岁生孩子可能确实会不利于女性事业的发展，但是如果你把事业的时间表稍稍后调，并且在生育期间保持对社会生活以及行业发展的密切关注，甚至于延长产假让自己充充电，那你就完全有能力很好地解决做母亲和做职业女性的矛盾。如果你的生活目标是做个好妻子、好母亲，你又希望能在40岁之前成为职场上的精英，而现实的情况是家庭需要你投入更多的精力，使你无法腾出更多的时间谋求职业上的提升。可行的办法是调动可利用的资源来帮助你减轻生活负担，例如寻求父母的支持和家务劳动外包，包括家庭钟点工服务、保姆服务等。女性应该尽量利用这些资源来减轻工作与家庭时间分配方面的矛盾，从而把节省下来的时间用在工作和学习上。

化角色冲突为角色平衡

随着社会的进步，女性自我意识的觉醒和对自我价值的不断追求，角色冲突普遍存在于当代女性身上。现实生活中，很多女性生活在多重矛盾之中，传统观念与现代规范，家庭角色与事业要求的诸多不一致，使得担任多重角色的女性常常顾此失彼。社会学把这种角色间的矛盾、对立和抵触的现象称为角色冲突。

如何正确处理好家庭角色与社会角色之间的矛盾，化角色冲突为角色平衡，是每一位女性应该重视并妥善解决的问题，它不仅关系到女性社会地位的提高，家庭的幸福，也关系到社会的安定团结和妇女事业的发展。一个真正成熟、成功的女性，不仅是社会角色的成功扮演者，也是家庭角色的出色扮演者，是多重角色的完美统一。因此，女性应该突破思维定势，学会将女性多重角色和谐统一起来，做到事业上蒸蒸日上而家庭和谐美满。

从社会的角度看，女性角色问题的出现，是我国社会发展诸多不平衡中的一种表现。除了女性自身努力增强自我意识、提高个人素质，平衡这一矛盾外，社会也负有纠正传统观念，创造平等秩序的责任。只有如此，女性才能从角色冲突中解放出来，以自由、积极、自信的姿态投身于社会主义现代化建设之中，充分展现现代女性的社会价值和时代风采。

从女性个人的角度看，由于特殊的生理特点，女性在不同的人生阶段要承担着不同的角色负荷。对女性来说，树立角色的转换意识显得尤为重要。在不同的时期，不同的地点，不同的场合实现不同角色的相互转换，是化解女性多重角色冲突的很有效的方法。在这方面，美国女企业家玫琳凯·艾施"换帽子"的平衡家庭与事业的智慧值得我们学习和借鉴。

玫琳凯·艾施在平衡家庭角色与社会角色冲突上做得很成功。她处理家庭与事业关系的诀窍就是"换帽子"。玫琳凯说，女人有多重角色，要做女儿，要做母亲，要做妻子，要做管理者，要做领导者，这么多的角色，一定会很累。因为有很多顶"帽子"，但是如果你把"帽子"戴好

书画阅读作品　优秀奖　何巧凤

了，不同的时间段戴不同的"帽子"，你就会很轻松，就能平衡得很好。她的做法是，早上出门，戴上管理者的"帽子"走进办公室。下班后，先把管理者的"帽子"摘掉，戴上妻子的"帽子"，回到家里就全身心地与先生相处，陪先生聊天，陪先生看电视。当她跟儿子在一起的时候，她又摘下妻子的"帽子"，戴上母亲的"帽子"，把心思全部放在儿子身上。根据不同的时间、地点、场合不断地"换帽子"，从而使"角色冲突"变成"角色平衡"。这就是玫琳凯·艾施女士平衡家庭与事业的智慧。我们可以从中得到很多启发。

像玫琳凯·艾施这样事业有成，家庭幸福，是我们大多数女性都向往的一种生活模式，但不是人人都能获得这样的生活模式。就像事业需要学习和经营一样，家庭也需要学习和经营。成功一定有方法，事业与家庭的平衡也有方法，关键在于我们要用心去学习和经营。作为女性，我们应在事业与家庭之间找到适合自己的平衡点，既重视了事业又不忽视家庭，这样我们才有可能实现自己的职业梦想，才有可能实现家庭的和谐美好。

家庭是一个温馨的心灵载体，是我们生存和事业走向成功和辉煌的后盾。我们应平衡家庭与事业，避免顾此失彼，从容生活，激情工作，真正做到事业与家庭两不误。